U0045577

讓菜鳥不再流淚的

62張職場生活筆記

若谷——著

沒有完美的工作，只有完美的職場生存術！

職場就像一個小社會，有追求雙贏的合作關係，也有你爭我奪的利害關係，今日的朋友或許就是明日的敵人，眼前的爛人或許就是隱藏的貴人，這其中的錯綜複雜，沒有人能一眼看透、一句說準，你若想擁有令人稱羨的工作成就，就要找出零失誤的必勝生存術，才能從此如魚得水、一帆風順。

這些讓人想翻桌的情境和遭遇，你應該不陌生吧!?

拚盡全力完成上司的無理要求，卻得不到正面回應；

曾有革命情感的麻吉同事，竟然為了一點小利益而背叛你；

打混摸魚的同事不但不曾挨罵受罰，竟然還加薪升官；

沒能力的上司竟然厚顏無恥的接收你的辛苦成果；
看似沒有殺傷力的白目部屬，其實正是災難的禍源；
已經盡可能謹言慎行、處處小心，竟然還是被人栽贓嫁禍；
一路用心栽培的部屬卻爬到你的頭上來，真心換絕情；
從沒想過爭權邀功或搶出鋒頭，卻還是成為箭靶；
表面上畢恭畢敬的部屬，背地裡卻狠狠的捅了你一刀；
老是接到一些閃不開也躲不掉的倒楣差事；
以為好心幫忙同事，沒想到只是自作自受的爛好人；
愛睜眼說瞎話、只會推卸責任的上司，一天到晚讓你揹黑鍋；
…………

不過，雖然職場上的鳥事從來沒少過，讓人惱怒的爛咖依然時常出沒，但班還是要上、錢還是要賺、成就還是要滿足，你何不正面思考，找出對自己最有利的生存法則，很快地，你就能在職場這片沃土插上一面屬於你的勝利旗幟，享受豐盛而且有價值的人生。

contents

chapter 2 拉近與貴人之間的距離

——職場勝利組的不敗生存術——

contents

3 chapter

一出手就可拳拳到肉

——職場神人的不敗生存術——

chapter

抓準隨機應變的眉角

——職場搶手王的不敗生存術——

contents

5
chapter

利用厚黑學增加勝率

——職場強者的不敗生存術——

6

chapter

搞懂飯局潛規則

——職場王牌的不敗生存術——

contents

7 chapter

學會進可攻、退可守

——職場常勝軍的不敗生存術——

8 chapter

送禮送到對方的心坎裡

——職場大贏家的不敗生存術——

contents

chapter

——職場A咖的不敗生存術

培養讓你三級跳的人脈

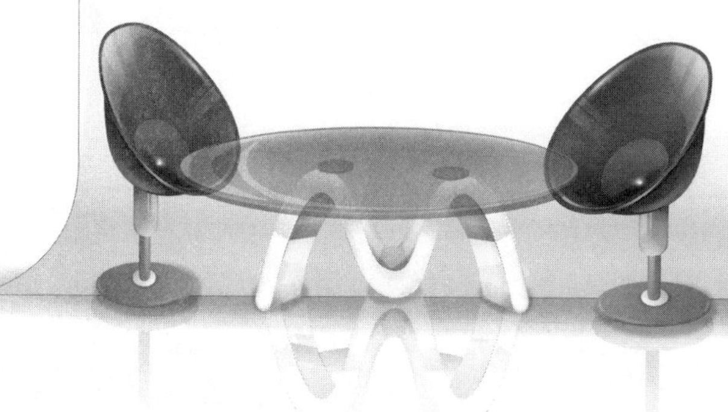

職場A咖的不敗生存術

被你忽略的人，往往幫助最大

像孫悟空那樣善用人脈

一個人能否找對人辦對事，首先取決於這個人跟多少人建立了關係，和多少人發展了關係，以及雙方關係的緊密程度如何。

俗話說：「萬丈紅塵三杯酒，千秋大業一盞茶。」一個人的辦事能力和這個人的人際關係有著直接關係。請記住：你的人際網絡有多大，你的辦事能力就有多大，沒有人脈的人，是成不了大事的！

大多數人都讀過《西遊記》，想必對孫悟空不陌生。孫悟空給人的第一印象就是本領很大，能力很強，他護送唐僧西天取經，一路上降妖除魔，最後到達西天，修成了正果。而孫悟空成就大事的主要關鍵就在於——善用人脈。從《西遊記》中就可看出，他稱得上是一個會找人且善於找人的最佳典範。

每當孫悟空遇到不能戰勝的妖怪，或是突如其來的大難關時，他的第一反應就是去尋找具有高超法力的神仙、菩薩幫忙。孫悟空的關係網簡直就是天羅地網，無遠弗屆，上至天庭，下達地府，西有如來，東有龍王，所以不管多麼厲害的妖怪，他都有辦法找到高人來對付。

對一般人而言，自己能解決的事當然由自己搞定，然而一旦遇到無法達成的事則需要動腦子、想辦法，去尋找可以解決問題的高人。

不過，高人不會從天而降，也不會在你遇到麻煩的時候及時出現，你必須平時與各種領域的人維持良好關係，時常保持聯絡，建立一個有效的人脈關係網，並且用心維繫這個網絡，才能在關鍵時候找到合適的人為你辦事、解圍。

建立雙贏的人脈關係網

不過很多時候，當我們提起人脈關係網絡，許多人總是帶有貶義色彩，其實這種看法是錯誤的。人脈關係網本身並沒有錯，它是中性的，重點要看它是如何被建立、如何被運用。如果建立關係網，不違背道德標準，運用關係網也沒有超出法律制度規範，那麼，這樣的人脈關係網又何罪之有呢？

在全球性的成功學之中就有「友誼網」之說。它認為，喜歡別人，又能讓別人喜歡的人，才是世界上最成功的人。成功的人大多喜歡交朋友，擁有自己的「友誼網」。在成功人士長長的朋友名單上，有著各種類型和不同領域的朋友，他們各有所長，就像一本百科全書那樣的豐富。

在你的人脈關係網中，應該要有各式各樣的朋友，他們能夠從不同角度為你提供不同的幫助；同時，你也要根據他們不同的需要為他們提供不同的協助。這樣才能發揮人脈關係網的正向作用。

多元化的人脈關係網才有效

關係網既然稱作是「網」，就應當具有網絡的特點。也就是說，在網絡之中的朋友構成要分佈均勻。有些人交友範圍十分狹窄，分佈不均，只在熟悉的領域認識某些人，而這些人的行業和特長比較單一。這樣，就無法構成標準的關係網了。

建立廣泛的人脈關係網後，你遇到好機會的機率就大大提高。相信有點社會經驗的人都知道，很多時候我們都是靠朋友的推薦、朋友提供的資訊，或來自四面八方的朋友相助，才有許多寶貴的機會。

某公司新來一位主管，急需配備秘書，許多條件不錯的同事都極力爭取，最後海倫脫穎而出。

原來，這位新主管因為才剛到任，對同事不甚熟悉，便委託部屬傑夫為自己物色秘書，而傑夫和海倫平時就互動不錯，海倫又在幾次機會裡幫了傑夫不少忙，再加上兩人是同一間大學畢業的，傑夫相信海倫一定可以勝任秘書工作，就推薦了她。

結果，新主管十分滿意傑夫的推薦，不但立刻決定任用海倫，而且對於傑夫的印象也大大提升，算是一舉兩得。

很多人在與他人來往互動的過程中，總是存著急功近利的想法，認為只要和對自己有幫助的人交往就好，但這種想法是非常不正確的。殊不知，有很多機遇是在交往中產生的，而這些機遇在交往初期，往往是無法預知的，如果一心只看眼前利益，恐怕會經常和好機遇失之交臂。

撐竿跳高選手、兩次奧林匹克金牌得主羅伯特・理查茲，一直很想打破紀錄保持者達徹・瓦默達姆的紀錄。

但不管他怎麼認真訓練、努力嘗試，成績總是比紀錄矮一英尺（約三十公分）。後來，他想到達徹・瓦默達姆或許能幫他，於是他大膽撥通了達徹・瓦默達姆家的電話，希望達徹・瓦默達姆能指導他。於是，達徹邀請羅伯特到他家，並許諾將自己的所有技巧都傳授給他。

後來，達徹果真實踐諾言，花了三天時間指導羅伯特，糾正其錯誤動作。結果，羅伯特因此突破瓶頸，成績提高了八英寸（約二十公分）。

可見，每一個偉大的成功者背後都有他人的無私幫助。沒有人是靠一己之力就能達到事業頂峰的，一旦你決定要成為出類拔萃的人，你就必須開始吸收大量對你有幫助的人和資源，建立一張有助於自己的「人脈關係網」。

背靠大樹，才好乘涼

當我們想探求某些人的成功之道時，總會發現這些成功人士背後大多都有著深厚的社會背景。但實際上，不僅成功人士能擁有好背景，一般人的身邊也有不少珍貴的人脈關係，只是許多人不知道如何利用而已。

在這些人脈關係中，最重要也最容易被忽視的就是利用和上司的關係。

這就好比你想乘涼的時候，如果能夠靠著一棵大樹，感覺會特別舒服。而上司就是那一棵能讓你好好乘涼的大樹，只要懂得善用這層關係，你就會發現天底下沒有辦不了的事，也沒有不能辦的事。

但是，我們也不能不分情況、不加考慮、不管大事小事都找上司幫忙。否則，不但讓上司覺得你能力不足，更糟的是，等到哪天真正需要向上司請求協助時，反而無法開口了。

那麼，哪些事情應該利用上司關係呢？

1 和工作有關的事

常言道：「老實人吃啞巴虧。」

在同等條件下的兩個人，他們工作都算對得起自己的良心，也夠勤懇認真，但在分配宿舍時，一個總是一副「有苦難言」的模樣，雖然自己結婚好幾年，一家三口擠在破舊的平房裡，真的很希望能分配到宿舍，脫離不好的生活環境，讓老婆小孩過的舒服些，但他只對上司提了一次要求。

另一位則三天兩頭找上司訴苦，讓上司覺得他過的極為辛苦，最後，上司果然優先把宿舍分配給他。而那位老實的同事只能眼巴巴地看著別人住進寬敞明亮的新房，難道他不明白其中的奧妙嗎？

有些人認為向上司要求利益，就是和上司發生衝突、給上司找麻煩，會影響雙方的關係；也有人一心想埋頭苦幹，任勞任怨，不討價還價，只要被上司重用，什麼都不敢提，結果往往也是一事無成。

其實，做好該做的工作是份內的事，要求自己應該得到的也是合情合理，付出越多，成績越大，應該得到的就越多，只要你能交出好成績，向上司要求你應該得到的利益，他也會滿心歡喜。如果你無所作為，無論在利益面前表現得多麼「老實」，上司也不會欣賞你。

那些善於管理的上司，也都善於把手中的利益作為籠絡人心、激勵部屬的一種手段。從某種意義上講，部屬找上司幫忙不僅解決了自身的問題，而且也是加深與上司關係的一種手段。

2 直接涉及自身利益的事

找上司幫忙時，一定要看事情是不是直接涉及自身利益，如果是的話，那麼無論是針對你個人，還是以關心公司員工的角度，都會變成是一種義不容辭的責任，這樣上司幫起忙來，也覺得名正言順。

比如，你得知同部門的親密戰友可能要被調到其他部門了，如果你透過其他關係、費了九牛二虎之力也難以改變情勢，那麼，你為何不試著找上司幫忙呢？

當你找上司幫忙，上司會覺得你重視他的地位，讓他有成為救世主的尊貴感。而且，像這樣的事你若不找上司，上司反而會產生你看不起他的想法，那麼以後的關係也就有危機了。

你一定要記住的是：找上司幫忙必須直接關係到你的切身利益，千萬不可拿一些無謂的瑣事來麻煩上司，否則上司不但不會答應，還會認為你太囉嗦或太多事，影響你在上司心目中的形象。

總之，雖然「背靠大樹，才好乘涼」，但也要分清楚事情的輕重緩急，確定該不該找上司幫忙，否則徒勞無功事小，更會傷害彼此間的關係。

價值一億美元的人脈關係

有一位億萬富翁在接受某雜誌社記者的採訪時，坦然承認他有二億美元的財產。不過，他在說完之後，卻又馬上補了一句：「其實這些錢裡面，只有一億美元是我自己辛苦賺來的。」

「那麼，另外的一億美元是怎麼來的？是你繼承的遺產嗎？」記者馬上追問。

「不！不！我沒有繼承任何人的遺產。」億萬富翁說。

「那你的錢到底是怎麼來的？」記者又問。

「其他的一億美元是別人幫我賺來的，當我和別人來往互動時，無時無刻不在替別人著想，這也是我能夠得到另外一億美元的原因。」億萬富翁說。

這位億萬富翁的哲學，相信對你一定會有所啟發。我們都有屬於自己的人脈關係網，只要你善於開發，每一個人都會成為你的金礦。

好的人脈能夠為你創造機遇，不善於經營人脈的人無法有效把握迎面走來的機遇，他們常常與機遇擦身而過，而善於經營人脈的人卻能牢牢將機遇抓在手中。

知名企業家李嘉誠次子李澤楷的家中，以實木裝飾的餐廳裡掛滿了鏡框，上面鑲嵌著李澤楷與一些政界要人的合影，其中有新加坡前總理李光耀，以及英國前首相柴契爾夫人等。由此可以看出，結交成功人士，廣植人脈，是李澤楷能夠在商界遊刃有餘的堅實基礎。

一九九九年三月，李澤楷憑藉著父親李嘉誠與他個人的人脈資源，讓香港政府決定建設「數碼港」，並將其交由盈科集團投資獨家興建。李澤楷並再次利用豐富的人脈資源，收購了上市公司得信佳，且將自己的盈科集團改名為「盈科數碼動力」。盈科的收購行動及數碼港概念的刺激，使其股市市值由四十億港元變成了六百億港元，成為香港第十一大上市公司，李澤楷一天就賺進五百多億港元。

二〇〇三年，李澤楷出席在瑞士達沃斯舉辦的世界經濟論壇，並與微軟的比爾蓋茲、索尼的出井伸之等傑出企業家在一起開會。這使得李澤楷在商界更具有影響力，同時也為李澤楷在商界賺得更多財富，培植了更廣博的人脈。

激勵大師安東尼．羅賓曾說：「人生最大的財富就是人脈關係，因為它能為你開啟所需能力的每一道門，讓你不斷地成長，不斷地貢獻。」

一個人成功機遇的多和少，與其社交能力、社交活動範圍的大小幾乎成正比。因此，我們要學著把營造好人脈與捕捉成功機遇連結起來，充分發揮自己的社交能力，不斷擴大自己的人脈關係網，發現和抓住難得的機遇，就能輕鬆擁抱成功！

「有人脈就等於有金脈！」而想要有好的人脈關係，就應該遵守這些原則：

1. 不要讓你身旁的人感到緊張和不安。當別人和你說話的時候，你一定要讓對方感覺到你是可以信賴的人，讓他能夠放心地對你暢所欲言。
2. 放棄以自我為中心的作風，避免陷於利己主義。如果你在交談的時候，發現自己有這些傾向，應該馬上改變說話的語氣。
3. 讓你自己成為一位具有幽默感的樂觀主義者。如果你真的做到了，那麼別人一定會覺得和你交往是有意義和有價值的。
4. 當別人對你有所誤會或不滿時，你應該主動表現解釋誤會的誠意。
5. 要努力做到能夠主動去愛別人。
6. 不要放棄向成功的人表現稱讚和祝福的機會，也不要放棄向遭遇不幸或失敗的人表現同情和鼓勵的機會。

7.主動和別人接觸，努力做他的精神支柱。

如果你能切實做到這幾點，一定會引起別人的注意，博得對方的好感，並擁有非常實用的人脈關係網。

別小看「親和力」，很威啊！

聰明人善於把「關係」變成辦事的資本，他們努力打通各個環節，以便為自己製造機會，與他人建立「關係」，其目的就是相互幫助，當朋友有急事、難事的時候，他們鼎力相助，而等到他們有難時，朋友也會兩肋插刀。

在建立人脈關係時，有一項最基本的要求——就是要有親和力。

張總是一家大型企業的負責人，他最近覺得十分頭痛，因為他發現部屬越來越難以管理了。

朋友建議他學習人際社交的藝術，於是張總報名參加了學習人際社交的培訓班。就這樣，張總放棄了和家人相處的機會，積極參加培訓，學習了許多人際溝通的方法和技巧，感覺很充實，收穫滿滿。

可是回到公司，當張總一面對部屬，一大堆的問題又跑出來了。他的女部屬對他說話還是一樣口氣不佳，他一聽到她說話，就忍不住想發火。他真的覺得有些控制不住自己了。

小馬見了誰都很客氣，總是很禮貌地和別人寒暄。開始時，他的同事都很喜歡他的禮貌，可是時間一久，他發現自己無法深入地和別人相處。

他覺得自己和他們之間總是隔著一層，而他的同事也都用同樣的禮貌回應他，漸漸地，他覺得自己和同事的距離越來越遠了。

小馬真的覺得很累，他不明白，為什麼坐在他旁邊的同事阿強為人不注重細節，有時還對人發脾氣，卻反而有那麼多知心朋友？小馬自認為一切行為都謹守人際社交原則，但為什麼結果不如預期呢？

李小姐有點像「工作狂」，尤其最近，整天忙於工作，壓力很大，好不容易和朋友見面，聊天的內容卻全是工作，朋友聽了都覺得厭煩。回到家裡，面對家人，她滿腦子想的還是工作。

李小姐發現自己的思維越來越狹窄，除了工作還是工作，腦子裡沒有一點其他的東西。

上班時，她特別愛發脾氣，明明知道應該對客戶有禮貌，可是一見到客戶，她說話就帶著煩躁的語氣，弄得最近客戶的投訴率接連上升。

在生活中，我們經常會遇到像張總、小馬、李小姐這樣的人，甚至，他們可能就是你的翻版，而這些人都正在為自己的人際社交關係惡化而苦惱。

良好的人際溝通和親和力是每個人夢寐以求的，它不僅能讓我們獲得更多友情，感受到人與人之間的關愛與溫暖，還讓我們獲得更多的人際資源，擁有意想不到的好發展和好機會。

你可以利用下面幾個方法來打造親和力：

1 主動攀談，得到他人認可

言為心聲，只有用語言與別人交談，才能加深彼此的瞭解。以交談的方式與別人溝通，可增進和深化雙方的關係。

2 善意疏導，去除他人誤解

人與人之間出現矛盾、摩擦是很正常的，關鍵是要多多溝通，一旦說開了，彼此之間就會取得理解。

3 自然真誠，讓對方相信

要想取得對方的信任，以利於溝通，就要注意在言談舉止方面，大方自然一點，不要清高自傲、孤芳自賞，應該坦白直說的地方絕不含糊其辭。只有這樣，別人才會相信你，並樂意與你交往。

4 大度寬容，善待他人

利益是互惠的，交往也是互惠的，只有善待他人，他人才能善待你，彼此之間透過包涵和諒解，才有機會進一步溝通。所以，在雙方的相處互動之中，應該適當諒解、善待對方的缺點和不足，得饒人處且饒人，透過交談和解釋等方式向對方表示自己的好感，以瞭解對方。

很多人認為只有上司才需要具備良好的親和力，其實不然。要知道，良好的人際親和力不僅是一個管理者所必備的，也是一個部屬應該擁有的特質。

我們生活在這個紛繁複雜的世界上，每天都必須和很多人打交道，無論是身為一名銷售人員、一名研究人員，還是一名行政管理人員，良好的人際溝通能力都是幫助我們通向成功之路的橋樑。

職場A咖的不敗生存術

雪中送炭是培養人脈的大絕招

冷廟也要常燒香

在建立人脈關係這門學問裡，有個法則一定要學會，那就是要學會適時在冷廟燒香，不要只挑香火旺盛的熱廟進香。

熱廟因為燒香人太多，神仙的注意力分散，你去燒香，也不過是眾香客之一，顯不出你的誠意，神對你也不會有特別的好感。所以一旦有事求祂，祂對你只以眾人相待，不會特別照顧。但冷廟的菩薩就不是這樣，平時門可羅雀，無人禮敬，你卻很虔誠地去燒香，神對你當然特別在意。

同樣燒一炷香，熱廟的神可能沒注意到你，冷廟的神卻認為這是天大的人情，日後有事去求祂，祂自然特別照應。如果有一天風水轉變，冷廟成了熱廟，神對你還是會特別看待，不把你當成趨炎附勢之輩。

其實不只是廟有冷熱之分，人也同樣如此。

一個人是否能發達，要靠機遇。你的朋友當中，有沒有懷才不遇的人，如果有，這個朋友就是冷廟，你對他應該像熱廟一樣看待，時常去燒燒香，逢到佳節，送些禮物，有時甚至可以送些錢，讓他自己買些實用的東西。

又因為他是窮人，當然不會履行禮尚往來的習慣，但並非他不知道還禮，而是無力還禮。不過，他雖不曾還禮，但心中卻絕對不會忘記未還的禮，這是他欠的人情債，人情債越欠越多，他想還的心越切。

所以，日後當他否極泰來了，第一要還的人情債當然就是你。他有了償債的能力時，即使你不去請求，他也會自動來找你、還你。這時候若你有求於他，就是輕而易舉的事情了。

所以，如果你認為對方是個性格好、能力好的人，就該及時結交，多多來往，或者乘機進以忠告，指出其所有的缺失，勉勵其改正缺點。如果自己有能力，更應給予適當協助，甚至施與物質上的救濟。

而物質上的救濟，不要等他開口，顯得更有誠意。有時對方很急著要，又不肯對你明言，或故意表示無此急需。你如道了這種情形，更應盡力幫忙，並且不能有絲毫得意的樣子，一方面讓他感覺受之有愧，一方面又讓他有知己之感。寸金之遇，一飯之恩，可以使他終生銘記，日後你如有需要，他必定奮身圖報，即使你無所需，他一朝否極泰來，也絕不會忘了你這個知己。

而要想真正做到冷廟燒香，關鍵是平時多給人提供幫助。這對搞好人際關係很有幫助，有時更是一本萬利的事情。沒有幾個人會不知道「紅頂」商人胡雪巖，他的發跡實際上就是冷廟燒香的典型。

胡雪巖本是浙江杭州的小商人，他不但善經營，也會做人，精通人情世故，懂得「惠出實及」的道理，常給周圍的人一些小恩惠。

但是，小小的利益和成就感無法讓他滿意，他一直想成就大事業。他想，在中國，一貫重農抑商，單靠純粹經商是不太可能出人頭地的。他想到大商人呂不韋另闢蹊徑，從商改為從政，名利雙收，所以，胡雪巖也想走這條路。

當時，杭州有一小官叫王有齡，他一心想往上爬，又苦於沒有錢做敲門磚。胡雪巖與他稍有往來，隨著交往加深，兩人發現有共同的目的，殊途同歸。

王有齡對胡雪巖說：「我並非無門路，只是手頭無錢，十謁朱門九不開。」

胡雪巖說：「我願傾家蕩產，助你一臂之力。」

王有齡說：「我富貴了，絕不會忘記胡兄。」

於是胡雪巖變賣了家產，籌集幾千兩銀子，送給王有齡。王有齡去京師求官後，胡雪巖仍舊操其舊業，對別人的譏笑並不放在心上。

幾年後，王有齡身著巡撫的官服登門拜訪胡雪巖，問胡雪巖有何要求，胡雪巖說：「祝賀你福星高照，我並無困難。」

王有齡是個講情義的人，他利用職務之便，令軍需官到胡雪巖的店中購物，胡雪巖的生意越來越好、越做越大。他與王有齡的關係也變得更加緊密。

故事中的胡雪巖就做到了「冷廟燒香」，他的朋友王有齡當時並沒有對他有所幫助，但胡雪巖仍然甘冒傾家蕩產的危險去幫助他。等到王有齡發達了，自然就會對胡雪巖傾力相助。

其實，「冷廟燒香」並不是很難辦的事情，有時僅僅需要隨時觀察別人的需要，這是再簡單不過的事情了。時時刻刻關心身邊的人，幫他們一個忙。日後，你就很容易得到他們的幫助。

另外，你還需要做的就是趁自己有能力時，多結交一些機遇不佳的有才之士，這樣日後你就會有意想不到的大助力。

對朋友的投資，最忌諱急功近利，因為這樣就變成了一種買賣。如果對方是有骨氣的人，會感到不高興，即使勉強接受，也會不以為然。日後就算回報，也是得半斤還八兩，沒什麼額外好處。

平時不屑往冷廟上香，大難來時再抱佛腳也來不及了。一般人總以為冷廟的菩薩不靈，所以才成為冷廟。其實英雄落難，才子潦倒，都是常見的事，只要一朝交泰，風雲際會，仍是會一飛沖天、一鳴驚人的。

從現在起，多注意一下你周圍的朋友，若有值得上香的冷廟，千萬別錯過了。

經營友情是最超值的投資

你或許有過這樣的經驗：當你遇到困難，你本以為某人可以幫你解決，於是你想馬上去找他。但你後來轉念一想，過去有許多時候，本來應該去看他的，你都沒有去，現在有求於人就去找他，會不會太唐突了？甚至因為唐突而遭到拒絕呢？

黃蜂與鷓鴣因為口渴，來找農夫要水喝，並答應付給農夫豐厚的回報。

鷓鴣向農夫許諾牠可以替葡萄樹鬆土，讓葡萄長得更好，結出更多的果實。黃蜂則表示牠能替農夫看守葡萄園，一旦有人來偷，就用毒針去刺。

但農夫聽了，並不相信，他對黃蜂和鷓鴣說：「你們沒有口渴時，怎麼沒想到要替我做事呢？」

這個寓言告訴我們：平時不和他人經營良好的互動關係，等到有求於人時，再提出要為人出力，就為時已晚了。

俗話說：「常用的鑰匙最有光澤。」因此，我們平時一定要注意和周圍的人培養、聯絡感情。只有平時經常聯絡，朋友之情才不至於疏遠，朋友才會心甘情願地幫助你。如果你與朋友分開之後從來沒有聯絡，彼此必定會變得陌生，你去拜託他幫忙時，他就不一定會答應了。

三國時期的劉備，非常重視朋友。

當劉備還在讀私塾時，很講義氣，經常幫助同學，即使後來大家分開了，劉備還與同學經常保持聯繫。其中有一個叫石全的朋友，為人真誠，但家中很貧苦。劉備不嫌石全家貧，常邀石全到自己家裡做客，談論天下局勢。

後來，劉備與群雄爭奪天下時，在一次戰役中，兵敗受到敵人的追殺，是朋友石全冒著生命危險將劉備藏起來，救了劉備一命。

朋友往往在危急關頭時，能夠為你幫上大忙，或能為你排憂解難。但是，朋友關係的維繫來自於自己的努力，只要你有這份心、這份情，能夠真誠地、不間斷地維持朋友關係，那麼你的路也會比別人多出幾條。

「友情投資」的重點來自於交流，平時多聯絡是加深朋友感情的一種方法。

雖然，現代社會流行一句話：「認錢不認人。」但是「人情生意」從未間斷過，因為人都是有感情的，人人都難逃脫一個「情」字。

所謂「友情投資」，就是在平時交往之外多一層相知和互動，能夠在人情世故上多一份關心、多一份相助，即使遇到不順的情況，也能夠相互體諒。

例如，你在生意場上遇到彼此之間比較投緣的人，有了成功的合作，感情也自然融洽起來，這就是我們常說的「有緣」人。有緣自然有情，雙方為了加深友誼，會為對方付出。當然，就算雙方有「緣」，彼此能夠一拍即合，要保持長期的相互信任、相互關照也不那麼容易，仍然需要不斷地「友情投資」。

在商場上，這種問題更是常見。每個人都為各自的利益做事，彼此都曉得商人多詐多奸，人與人交往不能不防，所以很容易互相起疑心。結果，「緣」就會由合作轉為對立，人情變成了敵意。最好的朋友常常會變成最恨的人，這在商場上屢見不鮮，相互最仇視的對手，往往原先是最親密的夥伴。

在日常生活中，朋友之間之所以會走到這一步，往往是雙方忽略了「友情投資」的結果。

有些人一旦與對方建立良好關係，往往就會開始忽略雙方關係中的一些細節，例如該分享的資訊不分享，該解釋的誤會不解釋，總認為「反正我們關係好，解不解釋無所謂」，結果日積月累，堆積成難以化解的矛盾。

更慘的是，在與對方成為朋友之後，總是一味地向朋友索取回報，自己卻不付出，總以為別人對自己好是應該的，但是別人對於自己稍有不周或照顧不全，就開始怨言四起，這種做法必然會損害雙方的關係。

朋友之間的「友情投資」應該是持久性的，不能可有可無，這樣當你在遇到麻煩或危急時，才會有人及時出手相助。

銷售大師告訴你壓箱寶的秘密

人人都希望能夠成功，但真正成功的畢竟是少數。而到底是因為這些少數人命中註定就是成功者，還是因為他們的出身、社會地位、家庭條件、人際關係、個人能力、信念等造就了他們的成功？

人人都有可能成功，成功固然與遺傳有關，但主要還是取決於後天的努力。每個人一生下來，就受到自身家庭環境、生活環境等因素的影響和制約，但這些因素並非不可改變，人脈就是改變這些因素的利器。

現在，就來看看銷售大師湯姆・霍普金斯是如何利用人脈來幫助自己的。

湯姆・霍普金斯是世界一流的銷售大師，被美國報刊稱為國際銷售界的傳奇冠軍，他是房地產銷售金氏世界紀錄的保持者。他曾與美國前總統布希、英國前首相柴契爾夫人等同台演講，他出版的書籍被譯成十一種語言。

到底，他是如何利用人脈資源來打造自己的成功呢？

1 賺更多錢的技巧就是去接觸更多的人

大多數銷售員都知道他們必須每天去見一堆新客戶，才能夠成功。當然，人都是害怕被拒絕的。但是，請你改變這個觀念，那就是每一次被拒絕，其實你都賺到了錢，你被拒絕的次數越多，賺的錢也越多。

2 找到對的客戶，推銷你的產品

電話銷售和陌生拜訪的比例大約是十比一，那就是說，打十個潛在客戶的電話可以得到一個見面機會。不要去問別人的成功率，不要去和別人比，你只要跟自己比就好了，你要讓自己每天進步一點點。

一旦你把你的成功比例設定好，就要努力去執行。如果你得到大量的見面機會，但是無法成交幾筆銷售，那麼你可能找錯銷售對象了。

3 開發屬於你的金礦

被其他業務員遺漏的客戶，就是一個金礦，只要你願意並且善用它，你就有享受不完的資源。

很多人之所以在銷售上失敗，是因為他們不知道追蹤跟進。那些失敗的銷售員，他們所放棄的客戶正可成為你的客戶群。

4 成為優秀的公關

報章雜誌或網路上會刊登許多有關升遷的新聞，你可以在讀每一則文章時，把它剪下來，然後寄給那個升遷的人，再附帶幾句話恭喜他。

當他們收到後，一定會心存感謝。而他們不只感謝你寫的幾句話，還會感動於你的心意，那麼，這些人就是你後續可以發展的客戶對象。

5 交換市場

你應該藉由一些好客戶來加強自己的銷售市場。另外，你還可以選擇一些能力不錯的銷售員和你做交換。交換包括兩個內容，一是交換客戶名單，二是相互介紹顧客，這樣就能使得你的銷售範圍更擴大。

6 保持聯絡

與客戶保持長期聯絡有三種方法，一是寄東西給他們，二是打電話給他們，三是去拜訪他們。

大部分的頂尖銷售冠軍，至少每十五天至一個月會寄出一批信件，寄送內容包括精美的小冊子、產品介紹、實用筆記本等等，讓客戶覺得自己時時被照顧著，這對銷售有很大的正面效果。

2

chapter

——職場勝利組的不敗生存術

拉近與貴人之間的距離

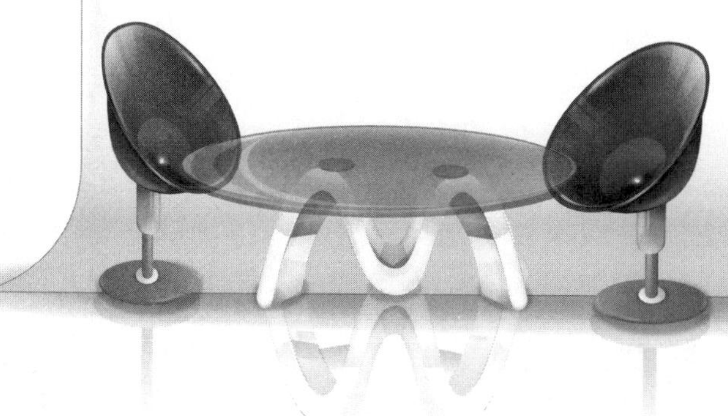

職場勝利組的不敗生存術

發動「情」的攻勢，上司難招架

人都有惻隱之心，上司當然也有。

當部屬找上司幫助，大多是因為在工作上或生活中出現了困難，這時候最好的方法就是把這些苦衷原原本本、不卑不亢地向你的上司娓娓道來，讓他對你的處境產生同情心，想幫你把問題解決掉。

而想要引起上司的同情，就必須把自己所面臨的困難說得深刻一些，才能讓對方感到同情。尤其，越是給自己帶來遺憾和痛苦的地方，越應該大加渲染。這樣，上司才願意以拯救苦難的姿態向你伸出援助之手，讓你終生對他感激不盡。

再者，要想引起上司的同情，還必須瞭解上司的個人喜好，例如他喜歡什麼、批評什麼、憤慨什麼……瞭解之後，你就可以繞著上司的這些喜好來喚起他的同情心。因為只要能引起對方情感的共鳴，就一定會有意想不到的效果。

某家房地產開發公司新完工了一棟員工宿舍，按照阿傑的職務和年資，是分不到新房子的，但他確實有許多實際生活的困難，因為他和太太、小孩擠在一間不到十坪大的套房裡，勉強過日，但只要南部的父母想要北上住一陣子，看看兒子和孫子時，就不方便了。

於是，阿傑去找上司，對上司說：「主任，如果您的部屬之中，有人把年老體弱的父母丟著不管，您認為應該不應該？」

「當然不應該！是誰這樣做？太過份了！」上司一臉義憤。

「主任，這個人就是我。」阿傑低著頭，無可奈何地說。

「你為什麼這樣做？你……」

阿傑耐心聽愛說教的主任數落完後，緩緩開口說：「常言道：養兒防老。我父母就只有我和我姐姐，姐姐出嫁了，經濟狀況不好，況且，在我們鄉下，有兒子的父母，沒有理由要女兒、女婿養老送終，這是會被人笑的。除非，他的兒子是個無生活能力的人，但我不是，我是一個研究所畢業生，又在這樣一個知名的企業工作，在你這位能幹、有威信的上司手下工作。

「一輩子含辛茹苦的鄉下父母，能夠培養出一個研究生，是多不容易的事，鄉親們都說我父母有福氣，今後有享不盡的福。可是我現在一家三口住在一間小到不能再小的套房，父母親來了，連個睡覺的地方都沒有。想把父母接過來，自己又沒有條件；不接過來，把兩個年老體弱的老人丟在鄉下，我心裡時常像刀割般難受。每次一想到這裡，想起我可憐的父母……」阿傑說著說著，落下傷心的淚水。

「阿傑，可是你的條件不夠……」上司猶豫著說。

「我知道我的條件不符合，我也實在不好強求主任分給我房子。但如果主任體恤我那年老多病的父母，能夠分給我一間半間的，讓我父母北上時，有個遮風避雨的地方就行了。當然，如果主任實在為難，我也不好意思勉強，我明天就回南部，把父母送到養老院去。」

主任聽了，沉默不語。

阿傑看的出上司開始動搖了，於是又打鐵趁熱地說：「我把父母送到養老院，在親戚和鄰居眼裡，必然會落下一個不孝的罪名，雖然我也很不願意，但是我自知能力不足，只好認了。不過，我擔心有人會說您的閒話，說您不體恤部屬，說您不近人情，那些閒言閒語對您真不公平呀……」

「阿傑，你不要說了，我會幫您想辦法的。」

幾天後，阿傑就拿到了一間兩房的房子鑰匙。

上司的同情心有時是被引誘出來的，有時是被激出來的。

當你對上司有事相求的時候，不妨發動「情」的攻勢，尤其可以從上司曾經有切身感受過的事情下手，在人之常情上下工夫，把自己所面臨的困難說得絲絲入扣，令人同情，成功機率就會大大提高。

職場勝利組的不敗生存術

把關係拉近了，才能借力使力

人與人之間的關係是一種感情的凝聚和利益的融合，有了關係就有了路子，有了利益就有了希望。所以，大多數人都很重視關係，因為我們深知一旦哪個環節的關係打了結，出了問題，就會影響到切身的利益，甚至大好前程。

能與某些重要人士或關鍵人物維持親密關係、良好關係的人，大多都是神通廣大的人，他們往往能把別人託辦的事情辦得萬無一失。

而一個人想要把事情辦好，就必須靠關係，特別是部屬找上司時，更應該把彼此的關係處理好，才能真正加分。

與上司維繫關係時，應注意下面幾項重點：

1 瞭解上司的背景和社會關係

任何上司都有屬於自己的人際關係網絡，這個「網」的形成與他的家世背景和人生經歷有直接的關係。若要想與他維繫關係，必須先暗地裡多注意他的一切，包括他的親屬關係、朋友關係、同學關係、上下級關係等等。

一旦掌握了這些關係之後，你就可以試著從這些人下手，轉彎繞路、另闢蹊徑，設法找到其中一兩位與這位上司關係甚篤的人，建立良好關係。這樣，在必要的時候，就可以借助這些關係的力量，讓上司礙於某些關係的面子而不好拒絕、不便拒絕、不能拒絕。

2 循循善誘，勾起舊回憶

維繫關係不能生拉硬套，本來沒有的親戚關係，偏偏七拐八繞，硬說有親戚關係；或者，本來與上司的某位朋友沒什麼關聯，偏偏說自己與對方多麼情深義重。像這種情形，很容易引起上司的厭惡和鄙視。

所以，想與上司拉近關係，要循循善誘，順理成章，和緩自然，讓上司感受到雖是不經意地提起，卻又能一語中的，勾起上司對這位親朋好友的舊情，甚至讓上司陷於對舊情舊事的回憶之中，大概事情就成了一半。

3 要懂得看場合

眾目睽睽之下，最好不要與上司攀附關係。

在絕大多數的情境下，上司並不喜歡公開自己的家世背景和社會關係，他們大多極為注重隱私，如果這時候你搞不清楚狀況的大談特談，上司會覺得你多事，而旁觀者更會認為你是有意在巴結上司。

所以，在公開場合攀附關係不但對上司有礙，也對自己也有失。你如果想和上司維繫關係，最好不要在人前，應該私底下進行，例如和上司話家常、閒聊的時候，或者在吃飯喝酒、茶餘飯後的聊天時，或者在上司心情好的時候，才可能達到你的目的。

4 觀察上司身邊的各種人際關係

上司的位置居高臨下，他的身邊常有溜鬚拍馬、曲意逢迎的人，刻意尋找著巴結上司的機會，因而當你想與上司拉近關係，勢必就會和他人有所競爭。

要想在競爭中取勝，必要時可以使用一些手段，因為任何一位上司都自覺或不自覺地處在各種錯綜複雜的社會衝突中，這些衝突有的是對他有利的，有的是對他有害的；有的是他一目了然的，有的是他無從覺察的。

那麼，你為了將他拉近，就應該認真觀察這些衝突的風吹草動，一旦有什麼特殊情況或特殊機遇，便可藉由委婉介入的手段，成為上司的心腹之人。這時候，不管你有什麼問題或麻煩，就不愁他不會幫你了。

5 找出突破心防的關鍵點

依據社會心理學的研究，大多數人都樂於和自己相近、相似的人來往互動，上司也不例外。

因為當兩人之間有相似點，不但可以減少雙方的恐懼和不安，解除戒備，又能對出現的資訊有相同、相似的理解，產生相同、相近的體驗和感受，進一步在情感上產生共鳴，有共同的話題和計畫，因而成為交心的好友。

人與人之間存在的相似因素很多，有的是明顯的，有的是隱蔽的，但只要多留心對方的舉止言談、多探求對方的想法，就不難發現其中的微妙之處，進而將其作為突破對方心防的關鍵點，很快就能讓彼此的關係大躍進。

以上這些與上司建立關係的學問，並不難懂，也不難學，只要你多觀察、多體會，謹慎處理兩人之間的相處細節，就很容易和上司建立牢靠的關係，為求人辦事奠定堅定的基礎。

職場勝利組的不敗生存術

讓上司對你有同理心，一切都好辦

當你有求於上司，希望上司能幫你脫離困境或解決麻煩，你首先要確認一件事——上司能理解你的苦衷嗎？

如果上司真的理解你，你就有機會得到他的支持，問題也就迎刃而解了。相反地，如果上司不懂你的苦、不理解你的難處，他不僅不會幫你，甚至會覺得你提出的要求是過分的、是不可理喻的，甚至覺得你是不知好歹或得寸進尺，那麼，事情就會變得更難辦了。

因此尋求上司的理解，對於能否達成目的，具有極重要的決定性。

想要上司對你的請求有所理解，必須遵守下面幾項原則：

1 時間原則

若有事要請上司幫忙，最好在上司空閒的時候找他。

上司忙的時候，心情容易煩躁，不但對你的事不記掛在心，甚至還會怪你白目、搞不清楚狀況。如果上司的時間寬裕，就有耐心聽你說完始末，問題受到重視的機率高，因而也會利於把事情辦成。

2 場所原則

有求於上司，要考慮場所和環境。

有些事要在上司的辦公室裡說，有些事要到上司的家裡私下談；有些事談得越詭秘越有效果，而有些事則越是有旁人聽到，越對成事有利。所以，奧妙就在於你所提的請求，分量與利害關係如何，以及對上司性格和習慣的瞭解。

3 引入原則

找上司幫忙，要講究話題的引入方式。

有些話要直來直去，開門見山，全盤托出；有些則需要循循善誘，娓娓道來，慢慢進入佳境，千萬不要沒頭沒尾，讓上司感到唐突冒失，刺耳煩心。一般而言，以下幾種引入方式較為常用：

・藉由談工作的事引入自己的事
・藉由談生活的事引入自己的事
・藉由談社會的事引入自己的事
・藉由談家庭的事引入自己的事
・藉由談上司關心的事引入自己的事
・藉由談自己關心的事引入自己的事

4 會說原則

要想把事辦好，必須先把話說好。

說話要有邏輯性、條理性，讓人聽了有理有據，而且還要和風細雨，讓人聽了心曠神怡，同時還要力求把話說得生動感人。這樣，即使鐵石心腸的上司，也會受到感動，甘願出面為你處理事情。

5 恭維原則

人性的弱點決定了人是最經不住恭維讚美的動物，對上司來說也是如此。

你求上司幫忙，稱讚他是理所當然的。你稱讚了他，他也會反過來稱讚你和重視你，受到稱讚的人是不會放著對方的難題不管的。

好好掌握以上五個原則，一旦你需要拜託上司時，就很容易得到他的理解和支持，那時候，不管事情有多難處理，上司多半不會讓你失望的。

職場勝利組的不敗生存術

該給的實質好處，千萬別吝嗇

必要的暗示

一般來說，求人幫忙無非就是兩種情況：一種是對對方有利，另一種就是和對方談不上什麼利害關係。

第一種情況大概都能順利進行，因為是對對方有利的事情，對方當然願意幫你的忙，尤其是在投資報酬率還不差的狀況下，自己沒啥損失，又能得到利益，順勢創造雙贏，豈不美事一樁。

而第二種情況，則是在對對方既沒利也沒有損害的情況下，那就要看你的本事了。俗話說：「事不關己，高高掛起。」沒有好處的事情，大多數人都不會想多管閒事，以避免招惹不必要的麻煩。

所以，這種幫助通常要付出一定的代價，或者會受到一定的損失。

遇到這種情況，你必須先誠懇地請求上司幫忙，然後你還要向上司暗示他將會得到什麼補償。不過，這裡有一個技巧——這時你最好向上司表示，為了感謝上司的幫助，今後在工作方面會更加努力。用工作表現來感謝上司，既讓上司有面子，又容易讓他接受，事情自然也就好辦多了。

實質的感謝

古人說：「衣人之衣者，懷人之憂。」意思是說穿了別人送的衣服，懷裡就會裝著別人的心事或隱憂。用現在的話來說，就是收下了別人送來的禮物，就要為別人辦事。這和大家常說的「收人錢財，替人消災」或「吃了人家的嘴軟，拿了人家的手短」意思相同。

所以要想找人幫忙，就要做好往外掏錢的準備，這雖然是為了把事情辦成辦好，不得不為之的作法，但既然「為之」，就要「為」好，而所謂的「為」好，就是「該給就給」，乾脆俐落。

請求別人幫忙時，如果說服難度大，或者對方是一個見錢眼開的人，那麼，即使他真的幫了你，你也會欠下一個天大的人情。這樣，你不如乾脆以合作的態度去找他，用利益來平衡雙方的角色落差。

這裡有一個值得注意的地方，就是如果你把實情道出，說：「這是我自己的事，事成之後，我給你〇〇好處。」對方可能會礙於舊交情，反而有多種考量。

那麼這時候，你可以撒一個小謊，說這件事是別人拜託你幫忙的，事後可以拿到多少好處或回報。這樣，對方比較能坦然接受，你也可以顯得不卑不亢，事後避免留下還不完的人情債。

職場勝利組的不敗生存術

先「捧」再「請求」，成功！

讚美是特效藥

當你有事請求上司幫忙，就要學會「捧」的功夫。所謂「捧」，在這裡是指對上司恰到好處、實事求是的稱讚，並不包括那種漫無邊際、肉麻的吹捧。有事請上司幫忙時，最好說些他喜歡聽的話，尤其是與所求的事有關的方面，多稱讚對方一下，不失為一種求人的好辦法。

還有，必須掌握會說恭維話的技巧。

會說話和會辦事是相輔相成的，話說得好聽、說得到位，上司自然就容易接受你所提出的要求，否則即便是一件簡單的事情，也容易搞砸。要學會說恭維的話，就必須學會順情說好話，而順情說好話一般叫做讚美。要想把事情辦成功，必須揀對方愛聽的話說，才有利於解決問題。

幾乎每個人都喜歡被人稱讚，有地位的、沒地位的，位階高的、位階低的，都是一樣。一個人無論自己的能力好或壞，都想要得到別人的讚賞，所以，當你針對對方的某些行為表現給予讚美時，大多都會得到很好的回應。曾有位名人說：「每個人有不同的優越之處，不管別人怎麼看，至少也有他們自以為優越的地方。」可見，學會稱讚他人是多麼重要的事。

但是，如果你稱讚的對象是上司，則要注意技巧。

所謂「捧」上司並非單指逢迎拍馬，而是指對上司的佩服或稱讚。讚譽之詞人人都渴求，人人都需要，稱讚上司也有方法和技巧，如果稱讚的不恰當，反而會弄巧成拙，只落下一個「諂媚」的壞印象。

稱讚一個人，當然是因為他有出色的表現，但每個人在哪一方面出色卻各有不同，有的人是專業能力好，工作成績突出；有的人則是在社交方面有特長，與客戶打交道的能力十分出色。

因此，在稱讚上司時應針對不同的情況，採用不同方式的稱讚，恰當地「捧」上司，但若是用錯了，則會讓你畫虎不成反類犬，遭致反效果。

有一家公司的部門經理趁著某一季業績大好，在交出業績報表的同時，多附了一份自己所寫的「經商之道」報告給總經理，他這麼做的目的，一方面是想分享自己在銷售方面的心得，另一方面也想讓總經理知道自己在他的帶領下，是多麼的努力和用心，才有現在的成績。

沒想到，總經理一看，不滿地說：「你的意思是說我不懂業務經營，不適合做公司的總經理，還要你來教我怎麼做業務嗎？」

見總經理產生誤解，本來想好好「捧」總經理的部門經理嚇出一身冷汗，連忙解釋說：「不，不，不，我不是這個意思，我是說……」

還好，這時秘書過來替部門經理打了圓場，說道：「部門經理的意思是說，他在您的帶領之下，才有這麼好的發展空間和業績，他沒別的意思。」

可見，同樣是稱讚一個人、稱讚一件事，不同的表達方法，效果大不同。

恭維讚揚不等於奉承，欣賞不等於諂媚，讚揚與欣賞上司的某些特點，意味著肯定這些特點，只要是優點、長處，對別人沒有害處，你當然可以毫無顧忌地表示你的欣賞和讚美之情。

上司也需要從別人的評價中，瞭解自己的成就，以及在別人心目中的地位。當受到稱讚時，他的自尊心會得到滿足，並對稱讚者產生好感，而你在他心中的印象，也會大大加分，哪天有需要他幫忙時，事情就好辦多了。

所以，你一定要學會說恭維的話，如何「捧」你的上司，而且「捧」的對方心花怒放、欣然接受，就看你下多少功夫了。

職場勝利組的不敗生存術

尋找共同點，距離秒速拉近！

請求別人幫忙時，第一步可以先找出與對方的共同之處，以便拉近彼此距離。因為人是情感的動物，這是無法否認的。情感好像一把雙刃劍，可以讓你受益，也可以讓你受損，如果你能學習尋找與對方的共同點，並努力建立、維持與對方的友誼，你的問題就解決了一大半。

大鈞和太太因為工作的關係，兩人長期分居兩地，但總覺得這不是辦法，所以大鈞決定向公司申請調單位，希望回到居住地，和太太過正常的生活。

大鈞為了請調，走「前門」公事公辦，打了許多報告，都沒有消息，走「後門」請客送禮，不知費了多少心思，想了多少辦法，也不見效。

他幾次找主任報告工作進度時，常見主任與人泡茶下棋，態度總是愛理不理，大鈞也只好忍耐著站在旁邊等候。

有件事說來奇怪，主任熱愛下棋，但對贏棋並不感興趣，反而是輸棋的時候，更顯得來勁。

大鈞聽同事說，許多棋壇高手是主任家裡的常客，但是說到要贏主任的棋，公司裡是找不出幾個人的。

於是，大鈞從中悟出了一個道理——他要利用下棋來「對付」主任。

大鈞買了許多相關書籍，拜名師，觀棋譜，潛心研究圍棋技藝，不到半年，果真練出了一手好棋藝。

當他胸有成竹的去找主任時，開始「觀陣」，再當「軍師」，然後「參戰」，幾次交鋒，殺得主任大敗，果然引起主任的興趣。

從此，大鈞就經常出現在主任身邊，後來不等他開口，主任便主動關心他的請調報告。沒多久，大鈞的請調就輕鬆過關了。

大鈞懂得利用「迎合主任喜好」的策略，藉由棋盤上你攻我防的較量，增進彼此瞭解，有了私人交情，建立了朋友般的關係，所有的難題都迎刃而解。

心理學家認為，朋友是人與人在交往的過程中，自然而然形成的「緣份組合」。所謂「緣份組合」，就是彼此因為想法、志趣、愛好或觀念相似，不因特定目的或利益，自然結合而成的組合。

由於彼此對待工作、生活和學習的態度相近，也可說是價值觀相同，所以在一起時，容易相互感知、適應，感情也比較容易產生共鳴。同時，也能夠得到對方的支持援助，可以預測對方的情緒、需求和態度傾向，並產生親密感。

所以，當你想請求上司或成功人士幫助時，必須先把對方變為朋友，這樣一來，對方的幫忙意願也會提高許多。

下面是尋找你與對方共同點的幾種有效方法，你不妨試試：

1 從閒談中尋找

沒有人喜歡與自己格格不入的人閒談，大多只願意和那些與自己有共同話題的人交往。善於交友辦事的人都是善於交談的人，即便是完全陌生的人，他也能打破沉默，主動在與對方閒談中找到彼此的共同點。一旦找到共同點，抓住適當的談話主題，事情就好辦了。

2 從察言觀色中尋找

一個人的心理狀態、精神生活、興趣愛好等，或多或少會顯現在他們的表情、服裝、言談舉止等各方面，只要你善於觀察，就會發現你們的共同點。

3 從談話試探中尋找

與陌生人相處，為了打破沉默局面，主動開口講話是必需的。有人習慣以動作的形式開場，就是一邊幫對方做某些急需幫助的事，一邊以話語試探；有人則喜歡藉由「借東西」打開彼此交談的話題。談話中有許多蛛絲馬跡，都能成為最佳線索，值得你細細分析。

或許可以考慮坐一次「頭等艙」

很多人都想接近名人，或是與名人做朋友，但又苦無機會，這時候，你不妨考慮去坐坐頭等艙，因為搭乘頭等艙的客人大多是政界人物、企業總裁、社會名流，在他們身上存在許多潛在商機，也許，你因為坐了一次頭等艙，就改變了人生。

聽到這樣的建議，你可能會覺得太誇張，但其實在現實生活中，這樣的例子並不少見，很多人都有過在短短幾小時的飛行中，就談成幾筆生意的經驗，有些人甚至和這些名人結下一輩子的友誼。而這裡所說的友誼，不是指趨炎附勢，而是雙方真誠相待，相輔相成的友好關係。

坐頭等艙的人都希望瞭解同艙裡的其他乘客，為什麼願意多付二〇～三〇%的費用來換取喝香檳，以及比其他乘客早二十秒著陸的權利，特別是在長途的國際旅行中，你真的可以結識到一些飛行夥伴，並因而建立珍貴的友誼。

人生的品質決定於你所處的環境，還有你所交往的對象。當你決定結交比自己優秀的人，就能得到這些好處：

1. 可以見賢思齊。你知道想在職場上好好生存，擁有寶貴的人脈關係，就要給自己壓力，努力學習和成長。

2. 可以找到學習的對象。你要向比自己優秀的人士學習，少走冤枉路。

3. 可以在事業成就上幫助你。人生至少要找一位貴人，或者說是名人相助，這樣你的成功會比別人更快更大。

可是，結交名人之後，應該怎麼和他們互動、相處呢？下面有幾項重點，可以提供給你參考：

1 尊重對方，做好關係定位

你要準確地掌握雙方關係，做好你和對方的定位，充分表現出你對他的尊重，這就是對雙方關係的確認，也是為了滿足對方的尊貴感，這點十分重要，必須嚴謹有致，一點都不可馬虎。

2 切忌奉承，不卑不亢

尊重是有原則的、是表現真情的。如果不顧原則，另有目的，人格淪喪，不知廉恥，對名人只會表現出阿諛奉承，那是大失敗，表面上似是尊重對方，其實它與尊重的本質是不同的。

阿諛奉承，虛情假意，誇大其詞，別有用心，只會讓人反感、嫌棄、痛恨，本來可以建立友情，卻因雙方失去真情而無法發展下去。

3 越自然，友誼越長久

名人無論地位，還是閱歷、學識，都高人一籌。與他們交往，常令人肅然起敬，有時候還會有一種壓迫感。若是一般人，尤其是未見過世面的年輕人，在這種情境下往往顯得動作走形，言語囁嚅，神情彆扭生硬。

其實，名人也有真情流露的一面，他們也希望與人自然的相處和互動。所以，與名人交往時，一方面要尊重對方，另一方面也要立足於自己，守住分寸，保持本色，自然而正常地相處，不必拘謹。這反倒能展現自己的社交魅力，贏得對方的認可和尊重，讓友情快速進展，而且長久。

4 認同彼此的角色分配

從彼此互動的過程來說，名人擔任主角，而我們則是配角，處於次要地位。

這樣的角色分配，算是社交現實，也是社交規矩，因此，主角處於主導位置、主角有較多決定權、主角的身份較重要等等，這些都是正常的，因為名人是主角，自然就要接受、聽從和配合。

而經營這樣的關係，不僅不會損害自己的「身價」，反而會得到名人的信任。

像有些人既想要得到名人加持，卻又不想認同這樣的角色分配，老是就在不恰當的時機，硬要展現自己的能耐，或擺弄自己的才華，往往適得其反。

5 真誠的主動出擊

名人的行為是要與自己的身份、地位保持一致的。他們大多不會主動與一般人交往，所以和他們互動時，最好積極些，表現出真誠的自己，先邁出第一步，釋放友好的訊息，才有好的開始。

6 求助求教，接受呵護

名人是力量的象徵，在他面前，一般人總是顯得弱小稚嫩，所以如果能表現出自己需要他的指導或幫助，通常會讓名人特別開心，覺得很有面子。因為這些事對他來說只是舉手之勞，但其中的滿足感卻是十分巨大。

不過，請名人幫忙的一方，也不能因此得寸進尺，要適度合宜，才不會造成無法挽回的反效果。

3

chapter

——職場神人的不敗生存術

一出手就可拳拳到肉

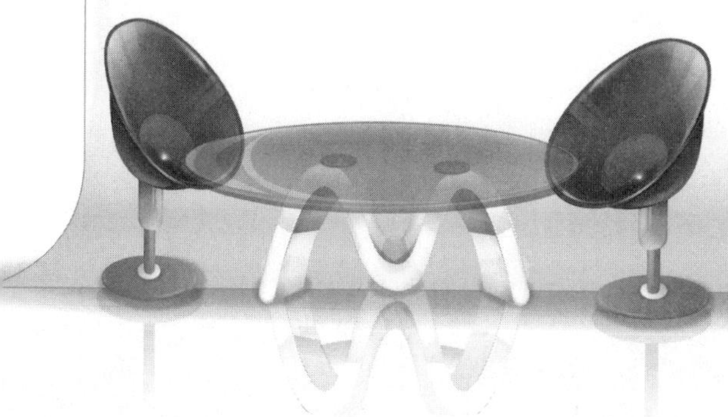

職場神人的不敗生存術

「被同情」是一種必要的技巧

大多數人都是具有同情心的，即使鐵石心腸的人也不例外。同情心能加強別人對你的理解，以及提高想要幫助你的意願。

很多時候，藉由情感來打動別人，激起別人的同情心，比滔滔不絕地講一堆大道理，會更有效果。

職場上，有一位受人欺負的受害者在向上司告狀時十分衝動，口出狂言、大聲謾罵，使得上司反感，因而問題遲遲無法解決，討不回公道。後來，這個人絕望了，痛苦不堪，幾欲輕生，則反倒引起了上司的同情與重視。

當然，這並不是說，凡告狀者都要擺出一副可憐兮兮的樣子。而是說，告狀者在請求解決問題時，應該想辦法引起聽者的同情心，讓聽者首先從情感上與你靠近，心靈上產生共鳴，才能事半功倍。

人心都是肉做的，只要你將受害的情況和內心的痛苦如實地說出來，處理者大多都會願意幫助你的。

同情心可以加強當權者對受害人的理解，但這並不等於馬上會下定處理的決心。因為處理者要考慮多方面的情況，有時會猶豫，甚至會抱著多一事不如少一事的態度，不想過問。這時候，當事人就要努力激發處理者的責任心，讓處理者知道他有責任處理此事，而且也能夠處理好。

以下是一個真實事件，它發生在美國。

某天，老婦人向正在律師事務所辦公的林肯律師哭訴她的不幸遭遇。

原來，她是一位孤寡老人，丈夫在獨立戰爭中為國捐軀，她只能靠撫恤金維持生活，過的十分簡樸，並不富裕。但是前不久，負責發放撫恤金的行政人員竟勒索她，要她交出一筆手續費，才能夠領取撫恤金，而這筆手續費高達撫恤金的一半。

林肯聽後老婦人的敍述，十分氣憤，決定免費為老婦人打官司。

法院開庭後，由於這位行政人員是口頭勒索，沒有留下任何憑據，因而被告指責原告無中生有，形勢對林肯極為不利。

但是，林肯的態度十分沉著和堅定，他眼中含著淚，回顧了英帝國主義對殖民地人民的壓迫，愛國志士如何奮起反抗，如何忍饑挨餓地在冰雪中戰鬥，為了美國的獨立而拋頭顱灑熱血的歷史。

最後，他對著法官和評審團感性地說：「現在，這一切都已經成為過去。一七七六年的英雄，早已長眠於地下，可是他們那衰老又可憐的夫人，現在就活生生地在我們面前，請求申訴。這位老婦人從前也是一位美麗的少女，她曾與丈夫過著幸福的生活。不過，現在她已失去了一切，變得貧困無靠。然而，某些人還要勒索她那一點微不足道的撫恤金，這有良心嗎？她無依無靠，不得不向我們請求保護時，試問，我們能視若無睹嗎？」

果然，林肯如歌如泣的一段話，感動了所有人。

這時候的法庭裡充滿哭泣聲，每個人都對老婦人的遭遇感同身受，就連法官的眼圈都紅了，被告的良知也被喚醒，不再矢口否認。最後，法庭通過了保護烈士遺孀不受勒索的判決。

無論古今中外，一件沒有證據的官司，若想要打贏，簡直比登天還難，然而林肯真的成功了！為什麼？

因為他用真誠的情感和熱烈的情懷，激起了法官和被告的同情心，既表達了理智，也傳達了情感，最後征服了人心。

餵飽對方的滿足感，就贏了一半

在職場上，建立人脈是極重要的生存術之一，但要怎麼樣才能與他人聯結，建立有效的人脈呢？

第一步，就是要感動別人，從對方的需要下手。

每個人的需求是各不相同的，各人有各自的癖好偏愛，但只要你認真探索對方的真正想法，特別是與你的計畫有關的部份，你就能依照他的偏好去下功夫，慢慢經營出良好的人脈關係。

首先，你應該讓自己的計畫去配合別人的需要，這樣你的計畫才有實現的可能。比如說服別人最基本的要點之一，就是巧妙誘導對方的心理或情感，讓對方就範。如果你特別強調自己的優點，企圖占上風，對方反而會更有防備之心。所以，你應該注意先點破自己的缺點或錯誤，使對方產生優越感。

另外，有些人會以為自己幫助了你，有恩於你，心理上不自覺產生一種優越感，不但態勢高，說不定還對你數落一番。當你認為自己可能會被人指責時，不妨先數落自己，當對方發覺你已先說出錯誤時，便不好意思再指責你了。

一位年輕人是美國有名的礦冶工程師，他畢業於美國的耶魯大學，又在德國的佛萊堡大學拿到碩士學位。

可是，當這位年輕人帶齊了所有文憑，去找美國西部一位大礦主求職的時候，卻遇到意料之外的大麻煩。

原來，那位大礦主是一個脾氣古怪又很固執的人，他自己沒有文憑，所以不相信有文憑的人，更不喜歡那些文質彬彬又愛講理論的工程師。

當年輕人向大礦主遞上文憑時，以為老闆會因為他亮麗的成績而樂不可支，沒想到大礦主很不禮貌地對年輕人說：「我之所以不想用你，就是因為你曾經是德國佛萊堡大學的碩士，你的腦子裡裝滿了一大堆沒有用的理論，我這裡可不需要什麼文縐縐的工程師。」

聰明的年輕人一聽，雖然感到意外，卻沒有生氣。

年輕人心平氣和地回答說：「嗯……其實，我很想跟你說一個秘密，但請你不要跟任何人說。」

大礦主不知這個年輕人的葫蘆裡賣的是什麼藥，但覺得反正聽聽也無妨，就同意了年輕人的要求。

年輕人小聲地對大礦主說：「其實我在德國佛萊堡大學並沒有學到什麼，那幾年就這樣糊里糊塗地混過來了，我自己都不知道是怎麼回事。」

想不到，大礦主聽了卻笑嘻嘻地說：「好，你明天就來上班吧！」

於是，年輕人通過了頑固老闆的面試，成功取得工作機會。

美國著名政治家帕金斯三十歲時，就任芝加哥大學校長，許多人懷疑他那麼年輕是否能勝任大學校長的職位。

他聽到大家的質疑後，只說了一句話：「一個三十歲的人所知道的確實很少，今後他勢必會十分依賴資深前輩們的意見。」

就這樣短短一句話，讓那些原本懷疑他的人，一下子全都放心了。

許多人在大部份的時機和場合裡，往往喜歡表現出自己比別人強，或者比別人努力的一面，為的就是要證明自己擁有特殊才能。

然而，一個真正有能力的人，是不會自吹自擂的，所謂「自謙則人必服，自誇則人必疑」就是這個道理。

在職場上，無論你是想建立人脈，與人維持良好關係，還是有求於人，你都要先學會滿足對方的心理需求，這樣才有機會達到你所預定的目標。

戳到對方的痛處，激對方出手

每個人都有自己的痛處，某些時候，以「戳對方痛處」來刺激對方出手，也算是有效方法之一。

而中國人向來比較重視「禮」和「義」，如果能從這兩個方面下手，效果應該更好，目的也更容易達成。比如三國時期的劉備，就是憑著「禮」，求來了軍師諸葛亮的智慧和才能，用「義」求得了關羽、張飛的忠肝義膽、生死相隨，為他建立富饒的蜀國，立下了汗馬功勞。

當劉備被曹操打得落花流水，逃至樊口時，他勢單力孤，繼續與曹軍對抗無異於自尋死路，所以他除了與盤踞江東的孫權聯手以外，別無他計。

但是，派去江東與孫權談判的人，必須是一個智勇雙全的人才，能夠擔當此任的非諸葛孔明莫屬。諸葛亮自薦過江，最後終於說服孫權聯合劉備，共同抗曹，形成三國鼎立之勢。

當時，孫權年僅二十六歲，血氣方剛，自尊心很強，諸葛亮是用了什麼方法打動他的呢？其實，他就是利用孫權這個弱點，用言語刺激孫權的自尊心，讓他按照自己的意思去走。

諸葛亮見到孫權時這樣說：「如今天下大亂，將軍在江東舉兵，劉豫州在樊口集結，目的都在與曹操爭奪天下。但眼前的情勢，曹軍勢如破竹，威震天下，空有英雄氣概是無法抵擋曹軍南下的。再者，加上劉豫州之軍漸漸敗退，將軍您宜早做應對，仔細斟酌才是。如果貴軍實力能夠與曹操對抗，就與他斷絕外交；如果無力與其對抗，不如迅速解除武裝、俯首投降算了。但依我看來，將軍只是表面上服從曹操，內心裡卻猶豫不決。可是，目前形勢十分急迫，不容您費時考慮，希望馬上定奪，否則後果不堪設想。」

孫權聽到此話，禁不住一愣，反問道：「按你所說形勢如此嚴峻，劉備怎麼不趕快投靠曹操呢？」

孔明回答說：「此言差矣。齊國壯士田橫您應該知道，他在道義上不能投靠漢高祖，寧可結束自己的生命。而劉皇叔是漢室後裔，具有帝王資質，目前雖然困頓，仍有八方壯士慕其英名，紛紛前來投奔。起兵抗曹，天之所命，至於事成與不成，只有靠天命而定。豈可向曹賊投降呢？」

孫權聽後大叫一聲：「我吳國擁有十萬大軍，承父兄之業，豈可輕易言降？」孫權雖然大叫不降，其實內心也很不踏實，事實上他沒有足夠的實力抗擊曹操。

於是，他又向諸葛亮問道：「眼下除了劉備之外，再找不到能與曹操抗衡的軍隊，可劉備最近連吃敗仗，不知是否有軍力與其再戰？」

對此，諸葛亮早有準備，他說：「劉豫州確實吃了敗仗，但現在軍力仍不少於一萬。而曹操之軍雖眾，但長途南下，早已人困馬乏。而此次為了追擊我們，曹軍的騎兵一晝夜竟跑了三百里，早已成為強弩之末，這種力量就是連魯國最薄的絹布也無法穿透。再者，曹軍士兵多為北方人士，不習慣南方水戰，我方佔有地利；荊州之民雖然表面上服從曹操，內心卻是時時準備反抗。如果將軍集精兵猛將與劉豫州之軍配合，聯手作戰，一定會擊敗曹軍，此為人和。天時、地利、人和俱在，剩下的就只有看將軍您的決斷。」

孔明這一番精闢的分析，指出強敵之短處，強調劉、吳聯合的潛力所在，最後把事情成敗的關鍵又推給了孫權，可謂步步高招，神機妙算。

最後，果然使得原本主意不定的孫權下定決心，聯蜀抗曹，也就發生了三國時期的大決戰——赤壁之戰。

諸葛亮之所以能夠與孫權談判成功，關鍵在於他採用激將之法，戳痛了孫權的自尊心。對於血氣方剛、智勇雙全的孫權來說，使用其他的計謀無濟於事，激將之法則再合適不過了。

美國海軍軍官泰勒在第二次世界大戰中，曾用非同尋常的審訊方式，從一名納粹分子的口中獲得了德軍機密，用的就是激將法。

當時，號稱「狼群」的德國潛艇在大西洋上橫行一時，對盟軍的海上運輸構成嚴重的威脅。更令人吃驚的是，德軍還研製出一種聲波魚雷，即將投入實戰。盟軍派出了大量的諜報人員想搜尋有關的情報，但都一無所獲。

不久，美軍在大西洋擊沉了一艘德國新式潛艇，碰巧有一名曾參與聲波魚雷製造的軍官正在艇上，他的名字叫漢斯。美軍採取了各式各樣的審訊，但漢斯的立場十分堅定，軟硬不吃，最後美軍把任務交給了海軍軍官泰勒。

泰勒會說流利的德語，知識淵博，為人豪爽，他不僅不把漢斯當做俘虜，反而和他變成朋友。經過長期相處，漢斯非常佩服泰勒的才華，也喜歡他的為人。

有一天，泰勒邀請漢斯到家中下棋，兩人邊下邊談，氣氛融洽。

「你為什麼不審問我？」漢斯提出他一直想問的問題。

「你不過是一名普通軍官，有什麼好問的？」泰勒不屑一顧。

漢斯聽了泰勒的話，有些被激怒，立刻回說：「你錯了，我是一名經過專業訓練的優秀魚雷軍官！」

「得了吧，老弟，就你那三流海軍，還有什麼魚雷？」泰勒輕蔑地擺擺手。

「請不要小看我們，我們不但有魚雷，還有比你們更先進的聲波魚雷！」看來，漢斯有點控制不住了。

「哈哈，聲波魚雷？你別編故事了。」泰勒用嘲諷的大笑刺激漢斯。

漢斯終於再也忍不住了，順手抓過一張紙，畫出魚雷的原理圖，以證明自己說的是真的，並沒有編故事。

就這樣，美軍輕而易舉就獲得了聲波魚雷的秘密，並研究出對策，使得德國的這一項新式武器，完全無法發揮任何威力。

泰勒抓住漢斯性格高傲的特質，讓他說出本來打死也不會說的實話，這就是運用激將法而立了大功。

唐代李封任延陵縣令時，凡官吏犯罪，他不加以杖罰，只規定犯罪者必須戴一頂青綠色的頭巾以示恥辱。這頭巾按所犯罪過的輕重，罰戴不同的天數，天數滿了之後，就將頭巾解掉。只要誰戴上這種頭巾，都會覺得是奇恥大辱，所以他手下的官吏都互相勸勉，不敢犯法。

也因此，李封在職時，延陵縣從沒有處罰過任何一個官吏，而且賦稅也比其他縣收的更多更好。

唐代李封的做法，當然不適用於現代，但他刺激人們自尊心的這個謀略，卻大有用武之地，值得效法。

讓對方嘗甜頭，你變成主導者

法國皇帝路易十四執政期間，揮金如土，窮奢極侈，出現嚴重的財政危機。

路易十四為滿足揮霍享用的需要，打算向著名銀行家，也就是自己的老朋友貝爾納爾借錢，可惜卻遭到拒絕。

原來，貝爾納爾早已風聞此事，同時做好了不接受的準備。

路易十四左思右想，終於想到一計。

有一天下午，國王從馬爾利宮走出來，和經常陪同他的宮廷人員一起逛花園。他走到一幢房子門前停了下來，那座房子的門敞開著，財政首長德馬雷正在裡面舉行盛宴款待貝爾納爾先生。當然，這桌宴席是奉國王之命準備的。

德馬雷看見國王，急忙上前行禮。

路易十四滿面笑容，故作驚訝地看著他們說：「啊！財政首長先生，很高興看到你和貝爾納爾先生。」

國王又轉向後者說：「貝爾納爾先生，我的老朋友，好久不見……對了，你從來沒有見過馬爾利宮吧，我帶你去看看。」

這是貝爾納爾意料之外的事，他覺得能得到國王的邀請，非常榮幸。

於是，貝爾納爾跟在國王身後，到了養魚池、飲水槽，在塔朗特小森林和葡萄架搭成的綠廊等處遊玩了一遍。

國王一邊請貝爾納爾觀賞，一邊滔滔不絕地說著各種熱情的社交辭令。路易十四的隨從們知道他一向寡言少語，看到他如此討好貝爾納爾都感到很驚奇。

走一大圈之後，路易十四還送了貝爾納爾一箱非常貴重的葡萄酒，說希望他們的友誼地久天長。貝爾納爾十分興奮，答謝後回到財政總監德馬雷那裡，他讚歎國王對他如此厚愛，說他甘願冒破產的危險，也不願讓這位優雅的國王陷入困境。

聽了這番話，德馬雷趁著貝爾納爾心醉神迷的時候，提出鉅額借款的計畫，而貝爾納爾二話不說，欣然應允。

路易十四之所以如願以償，當然不只是因為兩人的朋友關係，或者國王的面子，而是與他的「糖衣策略」有很大的關係。

古人常說「吃人家嘴軟」，一旦接受了人家的好處，占了人家的便宜，再要拒絕人家的請求，就不那麼好意思開口了。

中國人重人情、講面子，「滴水之恩當以湧泉相報」，聰明人運用這一戰術，「糖衣砲彈」一出手，往往一發命中，而且百試百靈。

因此，當你需要麻煩別人，尤其是面對交情不太深厚的朋友，不妨先給他一點甜頭，讓對方高興或欠個人情，這樣對方就會全力幫助你了。

掌握對方的興趣，就能掌控全局

根據心理學家研究，人們是靠自己的偏好和利益的誘惑，來決定是否完成某件事，或達到某個目的。

如果一個人對A問題感興趣或想獲得A，他就會說對A有利的話，也會做對A有利的事；反之，他就會打從心底抗拒。所以，當你想要爭取對方的答應或幫忙時，應該設法使對方對這件事產生高度興趣，或者設法讓對方覺得若能完成這件事，將會得到令人滿意的利益。

顯然，人們對什麼事有興趣或認為什麼事有足夠的回報，就會樂於對那些事投以感情、投注精力，甚至投入資金。所以，如果想要請人協助時，不妨先用興趣吸引對方，成功機率自然高。

不過，使用「興趣策略」時，必須讓對方感到自然愉悅，深信不疑，大有希望，一定要用興趣把對方吸引住，對方才肯為你的事付出代價。

運用這樣的策略，有一些小竅門是要注意的。比如，你可以利用那些新穎的東西，引起他人的好奇心，使他人常常情不自禁、窮追不捨地想要弄個明白，這時人們就會對你產生強烈的興趣，不由自主地跟你「黏」在一起，而接下來，自然就會被你牽著鼻子走了。

還有，當我們想辦法根據對方的經驗、興趣，而設法接近對方時，除了拿出「新穎」的東西之外，最好再加入一些對方「熟悉」的元素，因為我們的目的是抓住對方的注意力，所以越完整的配套，越容易成功。

職場神人的不敗生存術

看準對方的弱點再下手

看準對方的弱點，運用「逼人就範」，是職場常用的生存術之一。運用這種方法有一個訣竅：對方怕什麼，就專門給他來什麼。抓住對方的心理弱點，攻其一點，不及其餘，就會有驚人的效果。

戰國時，齊國人張丑被送到燕國做人質，不久，齊、燕兩國關係緊張，燕國人想把張丑殺掉。

張丑得了這個消息後，立即尋機逃走，但未逃出邊境，又被燕國官吏抓住。

張丑見硬拼不行，便對官吏說：「你知道燕王為什麼要殺我嗎？」

「不知道！」

「因為有人向燕王告了密，說我有許多財寶，但我並沒有什麼金銀財寶，燕王偏偏不信我。」張丑說到這裡，見官吏糊里糊塗，接著又說：「我被你捉到了，你會有什麼好處呢？」

「燕王懸賞一百兩捉你，這就是我的好處。」

「你肯定拿不到銀子！如果你把我交給燕王，我會對燕王說，是你獨吞了我所有的財寶。燕王聽到後，一定會暴跳如雷，到時候你就等著陪我死吧！」張丑邊說邊笑。

官吏聽到這裡，越發心慌，越想越害怕，最後只好把張丑放了。

張丑之所以能死裡逃生，全靠他的這一番話，關鍵原因在於他抓住了官吏的心理弱點，然後一擊中的。

在職場上，當你求人辦事，而對方卻吞吞吐吐或不答應時，你可以細心想想對方有沒有什麼弱點。如果你能抓住他的弱點，再提出要求，他就不會推辭了。

職場神人的不敗生存術

強攻不成，不如暗中智取

《西遊記》裡講到，唐僧師徒去西天取經，中途遇上了火焰山。孫悟空縱有天大的本事，也撲不滅火焰山的大火，最後不得不向鐵扇公主求情，借她的扇子一用。誰知公主根本不理睬。於是，孫悟空變成了一隻小飛蟲，鑽進鐵扇公主的肚子裡，一陣折騰，公主受不了，只好投降。

孫悟空明著求公主不成，只好暗中智取，最後便輕鬆借到了寶扇。

運用暗中智取的辦法，讓對方在不知不覺中為你辦事，是職場常見的生存術。兵法中就有一條：明裡強攻不成，就該暗中智取。

鐘隱是五代十國時南唐的一位著名畫家，他雖家道殷富，卻倦於俗事，便學習先賢陶淵明先生當隱士。

隱居山林，除了修身養性外，鐘隱最愛做的一件事就是畫畫。不過，畫了一段時間，鐘隱就顯露「眼高手低」的毛病。經過冷靜反思，他發覺，這其中的毛病就在於自己畫技貧乏。於是，他決定下山拜師學藝。

下山後，一打聽才知道，當時畫花鳥的高手叫郭乾暉，此公筆墨天成，曲盡物性之妙，尤其擅長畫鷂子。鐘隱非常高興，立即前往郭府拜師。

不料，郭乾暉並非世俗中人，雖然身懷絕技，卻不肯輕易授人，老先生作畫總吩咐下人把門關上，唯恐馬路上過往行人或是私闖進來的賓客，窺見一招一式。因此，鐘隱興沖沖來到郭府，連大門也沒跨進，就被轟了出來。

鐘隱想了想，拜師學藝應該有規矩才是，於是叫家人準備一車銀子，風風光光地再次登門求見。

誰知門房仍擋住不讓進，還冷嘲熱諷道：「你認為我們家老爺缺銀子花嗎？告訴你吧，我們家老爺用毛筆劃個圈，就夠你這小子吃個一年半載的。哼，還以為自己有錢呢，也不看看這是誰家！」

沒辦法，鐘隱只好拉著一車銀子，打道回府。

投師不成，鐘隱茶飯不思，夜不能寐。終於，他想出一條妙計——既然明著求他不行，何不來暗的呢？於是，他喬裝打扮成一名小廝，毛遂自薦地跑到郭府要當奴僕，且一再強調只混口飯吃，不要工錢。

鐘隱畢竟是個畫家，化妝後連門房都沒認出他來。由於他要求不高，郭府又正缺人手，就被收下了。

鐘隱進入郭府後，得到郭府上下的一致信任，就連郭老先生也撤除了對他的所有防線，作畫時竟然點名要他站在一旁磨墨，根本沒料到他是來學畫的。

此時，鐘隱就可以盡情地觀看郭老先生作畫時的筆法用彩，沒過多久，就把老先生那套密不示人的技藝爛熟於心了。

誰知，畫技學得越多，越是技癢難熬。有一天，鐘隱實在忍耐不住，乘興在牆上偷偷畫一隻鷂子，神形俱佳。

有人將此事向郭老先生報告，老先生聞訊前去觀看，一看就嚇了一大跳，知道這絕非外行所能畫出來的。於是，召來鐘隱盤問。

鐘隱見紙包不住火，只好和盤托出，郭老先生聽罷並沒生氣，反而大受感動：「你為了學畫，竟然不惜為奴，這叫老夫如何敢當?如此求學，真乃天下少見，老夫就破例把你收在門下吧。」

從此，郭乾暉老先生與鐘隱以師徒相稱，一個縱論畫道，密授絕技；一個潛心苦學，仔細揣摩。後來，鐘隱深得其旨，技藝猛進，作品有鷹鷂雜禽圖、周處斬蛟圖等名作傳於後世。

假如當初鐘隱沒採取暗中取智的方法，恐怕事情沒那麼好辦，中國畫壇上也沒有這段師徒佳話了。

暗中取智尤其對於一些比較固執或有某方面偏好的人來說，更是一個好用的策略，因為只有卸下對方的心防，才能得到對方的幫助。

有一位著名演員因患心臟病，在家休養。一天，一位年輕人突然找上門來。

兩人一番聊天之後，那位年輕人說：「是這樣的，我們生產了一種治療心臟病的新藥。聽說您正患此病，想讓您試用一下，如果能治好，也算是對從事表演藝術的人做點貢獻了。」

演員說：「那就先謝謝你們的關心了。前幾個月我吃的都是朋友從國外買回來給我的藥，我先吃一段時間看看，如果不見效，再去找你，好嗎？」

年輕人說：「那些進口藥，您吃多久了？」

演員說：「兩個月。」

年輕人說：「效果如何？」

演員說：「不太明顯。」

年輕人掏出兩盒藥來，說：「那麼，您不妨先吃這個試試，半個月就能見效。老先生，我承認外國的藥是不錯，但並不是什麼藥都好呀！像我們這個藥是自行研發的，經過七百例臨床實驗，療效遠遠超過外國的藥。自己國家的藥同樣能治好自己國民的病，您說這不是更好嗎？」

這位著名演員終於被年輕人的真誠感動，答應試用藥品。而且，試用一段時間後，他的心臟病也真的奇蹟般地痊癒了。

年輕人以「試用」切入，以「關心」為說服的重點，以「結成友情」為情感交流的方式，恰到好處地繞了一個大圈子，為的就是讓「攻心」計畫成功。

滿足對方的虛榮心，取得優勢

「虛榮心」人皆有之，只是多或少、強或弱、顯性或隱性的分別。

在職場上，無論你是想讓上司對你有好印象、想有事請託於人、想建立良好的人脈關係、想博得好人緣，還是想在職場上無往不利，先學會滿足對方的虛榮心，絕對是你必學的職場黃金法則之一。

北宋時期的包拯就任開封知府後，要選一名師爺當助手。經過筆試，包拯從上千人之中，選擇了十個極有文才的人。

接下來第二個階段就是由包拯親自面試，面試的方法是包拯把他們一個個叫進去，隨口出題，當面回答。從第一個到第九個面試者一一進去後，包拯都問了同一個問題，他指著自己的臉問面試者說：「你看我長得怎麼樣？」

面試者仰頭一看包拯的臉龐，嚇了一跳，頭和臉都黑得如煙薰火燎一般，乍一看，簡直就像把一個陳年的老黑罈子放在肩上，再加上兩隻眼睛又大又圓，瞪起來，白眼珠多，黑眼珠少，極為嚇人。

他們想：如果把包拯的模樣如實講出來，他一定會火冒三丈，哪裡還有機會能當上師爺，說不定還會遭一頓打呢！不如循守常道，恭維一番，討他喜歡。

於是，面試者一個個恭維包拯眼如明星，眉似彎月，面色白裡透紅，就是一副清官相貌。沒想到，等他們說完之後，包拯氣得將他們全都趕走了。第十個面試者進來，包拯也問相同的問題。

那個人向包拯打量了一番，說道：「老爺的容貌嘛……」

「怎麼樣啊？」

「臉如鏊子，面色似鍋底，不僅說不上俊美，實在該說是醜陋無比，特別是兩眼一瞪，還有幾分嚇人呢！」

包拯一聽，故意把臉一沉，喝道：「放肆，你竟敢這樣說本官，難道就不怕本官怪罪於你嗎？」

那人答道：「老爺您別生氣，小人深信只有誠實的人才可靠，老爺的臉本來就是黑的，難道別人說一聲美就變美了嗎？老爺雖然相貌醜陋，但心如明鏡，忠君愛國，天下人皆知『包青天』的美名，難道老爺沒有見過白臉奸臣嗎？」

第十個面試者一席話說得包拯心中大喜，即日便任命他為師爺。

這個面試者之所以成為幸運者，是因為他的讚美不虛與委蛇，也不趨炎附勢，而且更加有遠見，足見其洞察力不一般，他能夠透過對包拯真誠的讚美，把缺點轉為優點，令人讚嘆和信服，最後終可成為承擔重任的人。

記住，給別人戴「高帽子」時，要注意分寸的拿捏，並且要以真誠為原則，如果只是一個勁兒說「假的好聽話」，對方也許會因為基於禮貌先是忍耐接受，不當場拆穿，但事後對你的印象絕不可能是正面的，那麼這頂高帽子也就白戴了，甚至還可能賠了夫人又折兵，得不償失。

職場神人的不敗生存術

說自己好話，搶先一步成功

在職場上，做人做事一定要靈活，特別是遇到商業場合時，如果自身力量較弱，處於劣勢，那麼你不妨巧用一些手段，往自己臉上貼金，玩個把戲，把身價抬高，增加自身的分量，減少生存的困難。

不過，往自己臉上貼金，還是要有一定的限度，如果無限度地抬高自我身價，最後可能玩火自焚。

商業場合上，本來就虛虛實實，誰也無法完全摸清商業夥伴和競爭對手的底細。在這種大環境下，如果你勢力弱而又想把事業做大，那麼，你就應該多往自己的臉上貼金，想盡辦法抬高身價，至少給對方一個你實力頗為強大的印象，這樣，你才能成功地借助對方的力量，讓自己更成功。

有一年國際木材市場需求增加，價格上揚，某大型林場看準這一時機，將林場的木材打入國際市場，市場反應良好。

然而好景不長，幾個月後，由於市場競爭激烈，木材的價格又大幅下跌，如果繼續出口，林場將每年虧損上千萬元。

面對危機，場長認為，參與國際交易他們是後起者，在強手如林的情況下，擠進去非常不容易，應想辦法站住腳才行。如果一遇風險和危機就退出來，那麼，想再佔領市場就會更困難。

於是，他決心帶領大家從夾縫中衝出去。他親自到歐美等國家做市場調查，搜集資訊，尋找合夥對象，開闢新市場。

在國外，場長找到一家著名的傢俱生產集團。場長開門見山說明來意，希望那家公司能夠把他們的林場作為原料採購基地。

對方公司總經理說：「現在我們的原料供應系統很穩定，你有什麼優勢讓我們選用你們的木材？」

場長對此，不卑不亢地列舉了該林場三大優勢：「第一，我們林場的木材品質有保證，有很高的信譽；第二，我們可以長期合作，保證長期供貨，而且長期供應價格可以給予一定的優惠；第三，我們林場有自備碼頭，保證貨運及時，並有良好的售後服務，更重要的一點是保證信守合約。」

場長在大談林場的三大優勢後，又口氣堅定地說：「我們剛剛與另一家美國知名公司簽訂了合約，您不妨也考慮和我們成為生意夥伴。」

那位經理聽說連那樣的大公司都與林場簽訂了合約，看來林場實力不弱啊！

於是，這位總經理立即同意就供貨問題正式洽談。

在簽訂合約之前，他們也對木材進行了現場檢測。經檢測，木材品質確實很好，是傢俱原料的上上之選。

最後，雙方終於正式簽訂合約，該林場也在國際市場上站穩了腳。

在職場上，無論你是推薦自己，還是想建立自己的形象，甚或是有求於人，運用「搶先說自己的好話」這一招，通常都能見效。

尤其，當你想請別人出手幫忙時，態度一定會低三下四，讓對方覺得可憐，好像只有這樣做，才容易獲得對方的幫助。但是像這樣的表現，對方可能見過很多，也就見怪不怪了。

這時候，如果你一反常規，巧用手段為自己貼金，從氣勢上下手，想辦法不要輸給對手，然後再故意說一些抬高身價的話，對方肯定會認為你也許真的實力不凡，不容小覷。

就像以上的例子，那位場長沒有刻意地恭維對方，而是堅定又自信地向對方提出要求，緊接著在不經意中道出自己與另一家國際級公司已簽了合約，無形中抬高林場木材的身價，讓對方對他刮目相看，如此一來，事情自然好辦多了。

因此，有時候你不妨改變以往謙恭謹慎的做人做事態度，用一些手段加強自己的份量，效果將會令你感到驚豔。

chapter

——職場搶手王的不敗生存術

抓準隨機應變的眉角

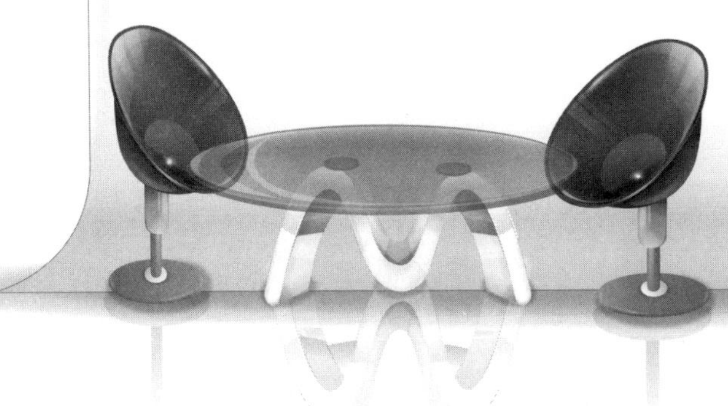

職場搶手王的不敗生存術

這樣求助，成功機率百分百！

雖然，心裡很想直接跟對方提出要求，但一定要忍下來，改以委婉求助，而不直說目的，繞開對方可能不答應的事情，選一個臨時想出來的虛假目的做幌子，讓對方答應，等到對方進入圈套以後，你的目的就達到了。

美國《紐約日報》總編輯雷特身邊缺少一位精明幹練的助理，後來他把目光瞄準了年輕的約翰。當時，約翰剛從西班牙首都馬德里卸除外交官職，正準備回到家鄉伊利諾州從事律師事業。

打定主意後，雷特就請約翰到俱樂部吃飯。兩人開心用餐之後，他提出要請約翰到報社去看看的建議。

坐在辦公桌前，雷特從許多外電訊息中找到一條重要消息。那時，「恰巧」負責國外新聞的編輯不在，於是他對約翰說：「不好意思，這事有點緊急，你能不能幫我為明天的報紙，寫一段關於這則消息的社論？」

雖然事出突然，但約翰也無法拒絕，於是提起筆來就開始寫了。社論寫得很棒，雷特看後大加讚賞，就請他再幫忙頂缺一個星期、一個月……漸漸地乾脆讓他擔任了這項職務。

最後，約翰就這樣在不知不覺中放棄了回家鄉做律師的計畫，而一直留在紐約當新聞記者了。

由此可以得知一條求人辦事的技巧：委婉向對方求助，十分容易成功。而運用這個策略，要注意的是在誘導別人的時候，必須先引起別人的興趣。當你要誘導別人去做一些很容易的事情時，先給他一點小勝利；當你要誘導別人做一件重大的事情時，最好給他一個強烈的刺激，讓他對做這件事有一種渴望成功的企圖心。在這樣的情形下，他已經被一種渴望成功的想法佔據，於是，就會很主動地為了獲取成功而努力。

總之，你若希望別人熱心參與你的計畫，必須先誘導他們嘗試一下，可能的話，不妨讓他們從容易的事開始，先享受一些成功的喜悅。

假如你一見到對方就貿然開口請他幫忙，有可能會遭到斷然拒絕，陷入尷尬的窘境。有些話不能直言，必須拐彎抹角地講；有些人不易接近，就要逢山開道、遇水搭橋；搞不清對方葫蘆裡賣的是什麼藥，就要投石問路、摸清底細……總之，不能直接強求的事情就要委婉提出。

明朝隆慶年間，給事中李樂清正廉潔。有一次他發現科考舞弊，立即寫奏章給皇帝，皇帝對此事不予理睬。他又面奏，結果把皇帝惹火了，怪他多嘴，傳旨把李樂的嘴巴貼上封條，並規定誰也不准去揭。

封了嘴巴，不能進食，就等於給他定了死罪。當時皇帝正在發脾氣，兩旁的文武官員誰也不敢為李樂求情。這時，旁邊站出一個官員，走到李樂面前，不分青紅皂白，大聲責罵：「君前多言，罪有應得！」一邊大罵，一邊啪啪地打了李樂兩記耳光，當即把封條打破。由於他是幫皇帝責罵李樂，皇帝當然不好怪罪，也就作罷了。

其實，此人是李樂的學生，在這個關鍵時刻，他故意「曲」意逢迎，巧妙地救了自己的老師。如果李樂的學生不顧情勢，直接求皇帝，結果非但救不了老師，自己恐怕也會難脫連累。

所以，當你直接請求別人不成時，就應該換個思路，委婉地向別人提出請求，否則是很難得到別人幫助的。

職場搶手王的不敗生存術

如何利用迂迴說服術？

狐狸是很聰明的動物，由於牠沒有力氣，個子矮小，因此處境不利。在森林中，狐狸得不到尊敬，沒人真正把牠放在眼裡。

為了克服這一點，對於狐狸來說，其中的一個辦法就是說服老虎與牠做朋友，藉由與力大無比、令人敬畏的老虎往來密切，狐狸就可以伴隨老虎左右，在叢林中四處行走，而且享受眾獸給予老虎的同等尊敬。即使老虎不在狐狸身邊，憑藉狐狸與老虎的交情，也足以保證狐狸在曠野中得以生存。

假如，狐狸不能夠與老虎交朋友，那麼這隻狐狸就必須製造一種跟老虎交情不錯的假象，小心翼翼地跟在老虎的後面；同時，大吹大擂他們之間有著篤深的友誼，這樣，便可保住自己的安危。

這就是狐狸的生存法則，但是對於人類來說，狐假虎威也是可以利用的。如果來一招狐假虎威的把戲，借助於大人物的影響力，那麼事情就會很容易辦成。

薩洛蒙・安德列是十九世紀末、二十世紀初瑞典著名探險家，有一次，他為了得到北極圈內有關的科學資料，組成了一次北極探險。

那是一八九五年，經過周密計算和安排，安德列在瑞典科學院正式提出乘飛艇到北極探險的計畫。

在此之前，安德列曾在美國學習有關航空學的理論，並且製造過飛艇，相關的飛行試驗在美國和歐洲曾引起轟動。

但隨之而來的便是經費問題，由於人們對此不信任和不關心，因此也就很少有人願意提供經費。

安德列整天奔波，挨家挨戶去找那些大富豪和大企業家，但有誰願意投資一項與自己毫無關係的事業呢？又有誰願意投資一項也許沒有任何成功機會的冒險事業呢？安德列每天總是帶著失望和疲倦回到家裡。

經過很長時間的奔波，總算有一位好心且開明的大企業家表示願意提供贊助，他甚至表示願意負擔全部費用，同時他還向安德列提了一個很重要的建議：希望這項冒險計畫得到人們的關注，如果就這樣悄無聲息地進行，等於削弱了這次探險的意義，真是太可惜了。

安德列聽完，覺得這個提議很好，十分有道理，於是兩人經過商量，決定讓安德列繼續去募捐、擴大影響力。

但是，儘管安德列想盡辦法、跑遍全城，人們的反應仍然很冷淡，安德列非常著急，情急生智，想出了一個大膽的辦法，就是把自己的探險計畫寫成一篇極其詳細嚴謹的論文，用大量證據證明這項計畫的可行性及其意義，然後，他請那位企業家想辦法把這份文章呈獻給國王。

經過一番周折，國王終於見到了這篇文章，他對這個大膽的計畫感到新奇，於是召見了安德列，並詢問有關探險的一些情況。

兩個人談得很投機，最後安德列要求國王象徵性地提供一些小小贊助，國王慨然應允。

這個消息很快就傳開了，新聞界對國王關注此事予以報導。名流和富豪發現連國王都對這件事感興趣，也就跟著對探險一事紛紛加以關注，並捐贈了大筆費用。而且，一般民眾也因此開始對這項計畫感興趣，多方研究瞭解後，都明白了探險的意義。

安德列的事業終於不再是他一個人苦苦奔波的事業，而是變成了一項公眾的事業。就這樣，安德列終於成功了！

巧借他人的力量和威名以達到自己的目的，這是一種戰略。安德列就是借助國王的力量，才使得自己的探險事業獲取成功。

所以有時候在職場上，你不妨試一下狐假虎威的辦法去換取別人的幫助，成功機率會超乎你的想像。

那麼，在現實生活中，什麼是可以「借用」的「老虎」呢？你可以參考下面提到的幾個主要類型：

1 一位有權有勢的人

「老虎」可能是一位有權有勢者，這個人他和你抱有同樣的夢想，為了雙方共同的利益，情願伸出手來，助你一臂之力。

2 一個組織或協會

它們的夢想和觀點與你的一模一樣，藉由跟別人攜手合作，同心協力，你能夠創造出一種必不可少的形勢，迎向成功。

3 你的職位或工作頭銜

孤家寡人常常勢單力薄，微不足道。然而，如果你為一位能夠呼風喚雨、有權有勢的老闆工作，就不再僅僅是無能為力的孤家寡人了。

4 你的才智或你的工作

有才華的人和有專業能力的人，必定受人欣賞和尊重，當然也會擁有比別人更多的機會，這些都是你的有力籌碼。

旁敲側擊，反而更快達到目的

戰國時期，各國都修建城牆，韓國也不例外，而且完工期限規定得很硬，不能超過半個月。

大臣段喬負責主導此事，大致還算順利，就是有一個縣拖延了兩天。於是，段喬就逮捕了這個縣的主管官員，將其囚禁起來。這個官員的兒子為了解救父親，找到管理疆界的官員子高，讓子高去替父親求情。

子高答應了這件事，第二天，就去拜見段喬。

兩人見面後，子高沒有直接提及釋人的事，而是和段喬共同登上城牆，故意左右張望，然後說：「這牆修得太漂亮了，真算得上是一件了不起的功勞。功勞這樣大，而且整個工程結束後又未曾處罰過一個人，這確實讓人敬佩不已。不過，我聽說大人將一個縣裡主管工程的官員叫來審查，我看大可不必，整個工程修建得這樣好，出現一點小小的紕漏是不足為奇的，又何必為一點小事影響您的功勞呢！」

段喬聽子高如此評價他的工作，心中甚是高興，覺得子高的見解也在情理之中，很快地便把那個官員放了。

失職官員之所以能夠獲免，歸功於子高的求情，而子高為了求情，先給段喬戴上一頂高帽子，然後就事論事，深得要領，不能不令人拍案叫絕。

其實，大多數人都有順承心理和斥異心理，對那些合自己心意的人事物，就特別容易接受。因此在職場上，便可利用旁敲側擊，巧言遊說，以達成目標。

職場搶手王的不敗生存術

聲東擊西是最完美的脫逃術

我們在工作中或與他人社交時，難免會遇到自己解決不了的問題，這時就必須請託別人代為處理，而這其中的技巧就是學問。

想要麻煩別人協助你，就要讓對方心甘情願地付出心力，而通常這就得靠好口才。如果你沒有口才，只是一味談著自己的事，還不停對對方說「勞你大駕，請你幫忙」之類的話，只會讓人感到不耐煩。

巧妙說服別人幫你辦事有很多技巧，其中有一種很重要的方法就是聲東擊西。對於那些固執己見或執迷不悟者，最好的說服辦法就是聲東擊西，明說是「東」，暗示的卻是「西」，讓人能從中領悟你的用意，進而接受你的意見。

春秋時期，齊景公非常喜歡打獵，於是讓人養了很多老鷹和獵犬。有一次，負責養老鷹的燭鄒不小心讓老鷹逃走了一隻，齊景公大怒，要把燭鄒殺掉。晏子聽說後，想勸說齊景公不該殺燭鄒，但他沒有直接勸，而是採用了聲東擊西的方法，暗示景公不該殺燭鄒。

晏子說：「燭鄒有三條大罪，不能輕饒了他。讓我先數說他的罪狀再殺吧！」景公點頭稱是。

晏子就當著齊景公的面，指著燭鄒，一邊扳著手指數說道：「燭鄒，你替大王養鳥，卻讓鳥逃了，這是第一條大罪；你使大王為了一隻鳥的緣故而要殺人，這是第二條大罪；殺了你，讓天下諸侯都知道我們大王重鳥輕士，這是你的第三大罪。三條大罪，不殺不行！大王，我說完了，請您殺死他吧！」

齊景公聽著聽著，聽出了弦外之音。停了半天，才慢吞吞地說：「不殺了，我已聽懂你的話了。」

其實晏子列舉的三大罪狀，表面上是在指責燭鄒，實際上是說給齊景公聽的，說燭鄒犯了三大罪狀，暗示如果因此而殺死燭鄒，會給齊國帶來不好的影響，人人都能聽明白，齊景公自然也不例外。

五代後唐的開國皇帝莊宗李存勖，有一次打獵興致來了，縱馬奔馳。

到了中牟縣，鞭急馬快，老百姓田地的莊稼被他踐踏了一大片。中牟縣令為民請命，擋馬勸阻。

沒想到引起莊宗大怒，當面斥退縣令，並要將縣令斬首示眾，隨行大臣沒有一人敢進諫言。

過了一會兒，有一個叫敬新磨的人從背後轉到莊宗馬前。只見他不但立即率人追回將要被砍頭的縣令，並把縣令押至莊宗馬前，憤怒地指責縣令道：「你身為一個縣官，難道還不知道我們的天子喜歡騎馬打獵嗎？你為什麼放縱縣裡的老百姓們，在田地裡種莊稼來繳納國家的賦稅呢？你為什麼不讓你們縣裡的所有老百姓都空著田地、餓著肚子，好讓天子騎馬來這裡馳騁，打獵取樂呢？你的罪的確該死！」

怒斥之後，他請莊宗對中年縣令立即行刑，其他人也隨聲附和。莊宗聽著、看著，然後哈哈一笑，便免了中年縣令的罪，縱馬而去。

敬新磨對皇帝的一段諫言，奇特新穎，他指東說西，逗樂了莊宗皇帝，又免去了中年縣令的死罪，由此可見敬新磨的良苦用心。

所以，當你在請託別人而遇到阻礙時，大可採用這種背道而馳、指東說西的方法，讓對方從你的話中領悟出真正的道理，進而改變所有的決定。

善用「關係人物」這個角色

在職場上做人做事，最好能針對「關鍵人物」下工夫，突破關鍵人物這道關卡，得到關鍵人物的贊同和協助，問題往往很容易得到解決。

但是有時候，關鍵人物並不好找，就必須先找到與關鍵人物有密切接觸的關係人，然後再向核心延伸。

因此，要想在解決問題的過程中穩操勝券，除了可以著眼於上司、主管這些人，還應該爭取足以影響他們的非正式「權威人物」，讓這些權威人物同情你、支持你，並且願意幫助你。

從某方面說，有些時候即使上級主管或辦事人員同意解決的問題，也可能因為某個環節被作梗而擱置下來。因此，負責這個環節的人不論職位大小，也就變成了解決問題必須疏通的「關鍵人物」。

這時，你千萬不可因為他無權無勢，就以為可以隨便應付，否則你的好事鐵定就會壞在他的手中。

某天，一位辦理房地產轉讓的房屋仲介人員來到一位客戶家裡，他帶著這位客戶的朋友的介紹信而來。

當彼此一番寒暄客套之後，就聽他講開了：「此次幸會，是因為我的同學李先生極為敬佩您，叮囑我拜訪閣下時，務必請您在這個雕像上簽個名……」邊說邊從公事包裡取出這位朋友最近才完成的一個小型雕像。

結果，這個動作果然輕易取得客戶好感，兩人的關係也迅速拉近許多，談起業務來，自然一切順利。

在這個案例中，李先生的仰慕和簽名要求，只不過是一個藉口，目的是要說明自己與李先生的關係，並且刻意恭維這位客戶，讓他開心。

素不相識，陌路相逢，如何讓求託之人瞭解你與他是朋友的朋友、親戚的親戚，顯然十分牽強，但一般人不會不顧朋友的面子，更不至於讓你吃閉門羹，這是一條拜託他人的捷徑。

託人辦事時，透過第三方的言談來傳達自己的心情和願望，是很常見的。

在職場上，不論是資淺的新人或資深的老人，只要懂得善用這項技巧的人，必然得益許多，且官途順遂。

比如，「我聽同學小張說，你是個熱心的人，拜託你處理這件事，一定沒問題！」「經理跟我說，你的專業和能力高人一等，在公司無人能出其右，這問題請問你，絕對會有最好的答案」……

不過，也有要注意小心的地方，因為這種話不是說說而已，也不能太離譜，有時必須事先做些調查研究。

為了事先瞭解對方，可向他人打聽有關對方的情況。第三方提供的情況是很重要的，尤其對於和被請求者的初次會面有重大意義時，更應該盡可能多方收集對方的資料，讓自己心裡有底，知道如何隨機應變。

但是，對於第三方提供的情況，也不能全部說出來，要根據需要而有所取捨，配合自己的臨場觀察、切身體驗，靈活引用。

同時，還必須確實弄清楚這個第三方與被託付者之間的關係。這一點非常重要，不然，說不定效果會適得其反。

俗話說得好；「託人辦事，不能在一棵樹上吊死。」

為了達到目的，盯死主要目標，全力以赴，固然很重要，但是對於目標周圍的那些「關係人物」，也要多多花費心思。

有時候，這些關係人物甚至會發揮意想不到的作用。他們就像一條條地道，雖然不是能見度高的主要大道，但因為路上干擾少，且目標準確，反而可以更快地把你送到成功的彼岸。

技巧性裝熟，事情才好辦

關係愈親密的人，愈容易對人敞開心房，因此一旦當你有求於人時，一定要記得找機會跟對方裝熟、套關係。

很多時候，請託者與被請託者之間會有一種距離感，這會讓談話難以順利進行。所以，你可以透過一些讓兩人關係更親密的技巧，以縮短彼此距離。

日本前首相中曾根康弘，某次赴美與雷根總統會談時，便互以暱稱代替客套的稱謂。果然，那一次兩人在親密友好的氣氛中進行會談，雙方都覺得十分融洽，此事一時成為外交界流傳的佳話。

能夠以暱稱或名字互稱，必須要有相當親密的關係，否則是很難說出口的，一般人大多不會在初次見面時，就以暱稱或名字來稱呼對方，大概都會附上先生、教授、老師等稱謂，等到相處久了之後，再以對方的名字來相稱。

從心理學的觀點來看，也是如此。當兩人心理上的距離愈來愈靠近時，他們的稱呼會從頭銜、到姓、到名。

接下來，當一方想請對方替自己辦事時，也會變得比較輕鬆自如。另外，有些人雖然剛見面，不算親密，但若他極欲親近對方，也可能會以名字或暱稱來稱呼。

一位教師講述了他自己的親身經驗——

某次，有位我教過的學生來要求我幫他作媒，當時我問這位學生，為什麼他和女友的關係進展那麼快速。

他回答說：「有一次我和她見面時，她突然直接喊我的名字，讓我頓時感覺到與她的關係是如此親近，在那一刻，我心裡就認定了她。從此之後，我們的感情快速升溫，也很穩定，就決定結婚了。」

在那次之前，他們兩人都只以姓氏或綽號互稱，感覺像朋友，後來才迅速進展，可見稱呼對兩人心理上的距離有很大影響。

日本前首相佐藤榮作由於出身官僚家庭，很難與一般民眾接近，所以一直想要讓自己更有親和力。

他時常對人說：「我很喜歡大家叫我阿榮。」這樣的稱呼就像是好朋友間的綽號、暱稱，一下子就拉近了與民眾的距離。

與人相處，如果一時難以裝熟或套關係，不妨利用稱謂的方式拉近距離，而且口氣必須自然，不可讓對方感覺你是在裝腔作勢，或另有企圖。兩人的距離若是因此靠近，事情就會很容易解決。

職場搶手王的不敗生存術

轉個彎繞個路，一切就通了！

我們身邊總會有這樣的人——當他們成功發達之後，就會慢慢與原先那些狀況沒有多大改善的老朋友疏遠，甚至淡忘。在這樣的關係下，你若想再與他保持維繫，或請他幫忙，可能難度非常高，但辦法總還是有的。

俗話說：「遠行之人，必遇坎坷。」當我們遇到高山擋路時，自然會想辦法繞過去，或動腦筋另闢蹊徑。這種做法應用在做人做事的職場中，便是繞著圈子達到目標，也就是懂得進取，也要善於採用曲折的方式。

尤其是那些「直腸子」、「神經大條」的人，更應該學學曲線求人的技巧，才能少一點挫折，多一點成功。

有一次，林肯在某個報紙編輯大會上發言，指出自己不是一個編輯，所以他出席這次會議，是很不稱職的。

為了說明他不出席這次會議的理由，他給大家講了一個小故事：

「有一次，我在森林中遇到了一個騎馬的婦女，我停下來讓路，可是她也停了下來，目不轉睛地盯著我看。

「她說：『我現在才相信你是我見到過最醜的人！』

「我說：『你大概講對了，但是我又有什麼辦法呢？』

「她說：『當然，你生成這副醜相，是沒有辦法改變的，但你還是可以待在家裡不要出來嘛！』」

大家聽完，都因為林肯的幽默自嘲而啞然失笑。

林肯巧妙運用了自嘲來表達自己的拒絕意圖，既沒讓任何人難堪，又能讓別人在愉快的氛圍中瞭解其意。

世上之事，有時亂如麻，而且絕大多數都會讓你理不出頭緒。因此，「直來直去」的方法是萬萬行不通的。你必須動動腦筋，學會多繞幾個圈，用適時轉彎的策略，慢慢靠近目的地，以防硬撞到牆上。

在某些狀況下，為了避免不必要的麻煩，將真話轉個彎說出來，往往能收到意想不到的效果。

著名幽默大師林語堂總結中國人（尤其是讀書人）求人辦事的特質，就像寫八股文一樣。

中國人辦事很少像外國人那樣「此來為某事」那樣直截了當地開題，因為這樣是不風雅的，而如果是關係疏遠的朋友就更顯冒昧了。中國人講究在話裡做文章，以曲線的方式求助於對方，往往很奏效。

所以，平時做人做事為了避免難堪或傷害，也為了較快速達到目的，就要學會轉彎策略，利人利己。

chapter

——職場強者的不敗生存術

利用厚黑學增加勝率

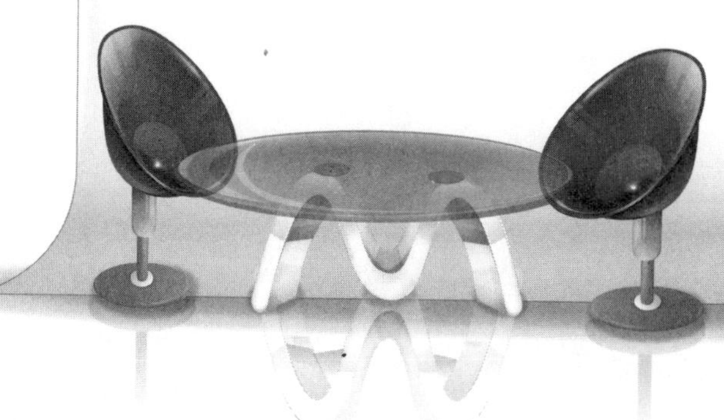

別讓負面情緒壞了事！

在職場上做人做事要先有個心理準備——必須懂得控制自己的情緒。畢竟，這世上不如意事十之八九，不可能事事盡如所願。

我們可以這樣設想：當一個人無意中觸痛了你的敏感之處，你就不顧一切地亂喊亂叫，人家對你的印象會好嗎？當人家同意你的觀點時，你就高興得眉飛色舞，他們對你的印象還會正面嗎？

切記，負面情緒是讓你加速失敗的毒藥。

湯姆曾經告訴朋友這樣一件事——

某個星期六的上午，湯姆去會見某知名公司的部門主管，見面地點是他的辦公室。這位主管事先說明他們的談話會被打斷二十分鐘，因為他約了一個房地產經紀人，要談一個比較緊急的合約。

後來，那位房地產經紀人帶了平面圖和預算而來。很明顯地，他已經說服了他的顧客，但就在這穩操勝算的時候，他卻出人意料地做了一件蠢事。

這位房地產經紀人最近剛與這家知名公司主管的主要競爭對手，簽下了租房合約。他大概是太興奮，依然還陶醉在自己的成功之中，便開始詳細描述那一筆買賣是如何做成的，接著還讚美那個「競爭對手」的許多優點，稱讚其有眼力，明智地租用了他的房子。

湯姆靜靜聽著，猜想接下來他就要恭維這位公司主管也做出了同樣的決策。

但一會兒之後，這位公司主管站了起來，感謝房地產經紀人做了那麼多介紹，然後說他暫時還不想搬家。

房地產經紀人一下子傻眼了，當他走到門口時，主管在後面說：「順便提一下，我們公司的作品很有創意，業績很好，不過這可不是踩著別人的腳印走出來的。」

或許在那個時候，房地產經紀人才意識到自己在關鍵時刻，只顧著陶醉於自己已取得的推銷成果，而忽略了買方的立場，而這就是不會控制自我情緒的結果。

如何學會自制呢？

最好的辦法就是經常將自己放在別人的位置上想一想。在某些狀況下，自己被激怒並不是對方故意的，而是無意的行為。這種時候如果不控制自己，任由情緒爆發，結果肯定是沒什麼好處的。

一位曾在酒店行業摸爬滾打多年的老總說：「在經營飯店的過程中，幾乎天天會發生能把你氣得半死的事。當我在經營飯店並為生計而必須與人打交道的時候，我心中總是牢記著兩件事情。第一件：絕不能讓別人的劣勢，戰勝我的優勢。第二件：每當事情出了差錯，或者某人真的讓我生氣了，我不僅不能大發雷霆，而且還要十分鎮靜。這樣的提醒，十分寶貴，它讓我安全走過許多年的路。」

一位商界精英說：「在我與別人共事的過程中，多少學到了一些東西，其中之一就是，絕不要對一個人喊叫，除非他離得太遠，不大喊他就聽不見。但即使那樣，也要確保他明白你為什麼對他喊叫，因為對人隨意喊叫，在任何時候都是沒有意義的，它只會為你帶來不必要的煩惱，這是我的經驗。」

從上面兩位成功人士的談話中，我們可以看出，學會控制自我情緒對於一個人有多麼大的影響。

所以，如果你覺得自己到目前為止，還無法好好掌控情緒，同時你又想把事情辦得盡善盡美，那就要多多修鍊，從控制自己的情緒開始做起吧！

職場強者的不敗生存術

沒有藉口！就是要忍也要讓

忍人之所不能忍，方能為人所不能為。

二千多年前，孟子就曾說過：「天將降大任於斯人也，必先苦其心志，勞其筋骨，餓其體膚，空乏其身，行拂亂其所為，所以動心忍性，增益其所不能。」在職場也是這樣，不管別人是否盡力，都不要責怪，應以寬厚的胸懷對待，才能建立好人緣，以後辦事才會變得更容易。

荀子認為：「君子賢而能容罷，知而能容愚，博而能容淺，碎而能容雜。」我們隨時都會遇到一些人說出對不起自己的話，或是做出對不起自己的事，當別人對不起我們的時候，我們應該怎麼辦呢？是針鋒相對，以怨報怨呢？或是寬容為懷，原諒別人呢？

最好的回答應該是：容忍之，理解之，原諒之，並以實際行動感化之。

有一個賣保險的業務員，一天，他到某家餐廳拜訪店主。

這家店主是有名的頑固老人，好惡非常分明，他一聽是保險公司的人上門來，笑臉倏地收了起來，臉色十分難看。

「保險這玩意兒，根本沒用。為什麼呢?因為必須等我死了以後才能領錢，這算什麼?」店主氣沖沖地說。

「我不會浪費您太多的時間，您只要給我幾分鐘，讓我為您說明一下就好了!」業務員笑著說。

「我現在很忙，如果你時間太多，何不幫我洗碗盤?」

店主只是想用開玩笑的口吻戲謔業務員，沒想到他真的脫下西裝外套，捲起袖子，開始洗起碗盤來。

他的這個舉動，把一直站在旁邊的老闆娘嚇了一跳。

她大喊：「你用不著來這一套，我們實在不需要保險!所以，不管你怎麼說，怎麼做，我們絕不會投保的，我看你還是別浪費時間和精力了!」

更出人意料的是，年輕業務員之後的每天都來這家店報到，而且二話不說就自動開始洗著所有的碗盤。

不過，店主依舊鐵石心腸地告訴他：「你再來幾次也沒用，你用不著再洗了。如果你夠聰明，趁早找別家吧!」

每天都面對這位店主的奚落，但是業務員都忍住了，他依然天天到店裡洗盤子，承受老闆一家的刻薄言語。

十天、二十天、三十天過去了……

到了第四十天，這個討厭保險的店主，終於被年輕業務員的耐心感動，最後心甘情願地投了高額保險。

不僅如此，店主後來還替這位保險業務員介紹了不少客戶呢！

這一切無疑都要歸功於保險業務員的忍讓精神，如果他一開始面對店主那些刻薄的話語就火冒三丈、甩手而去，也就無法得到後來那麼多的保險業務了。

可是，忍讓的確不是一件容易的事。

當別人冤枉了你，你覺得深受傷害，你該如何去忍讓這個人呢？

首先，你應該從對方的立場來看問題。這麼做，可以使得你的觀點變得較為客觀，不鑽牛角尖。

其次，不要憤怒，不要嫉妒，當你受到憤怒的折磨，當你用敵視坑害自己，而你恨之入骨的人，甚至根本不知道你在恨他。

所以，忍讓他人不僅是為了你的尊嚴和價值，而且也是為了保護自己不受傷害，更是為了以後辦起事來能夠更加順利。

職場強者的不敗生存術

放低身段，麻煩全都自動消失

與人相處或在職場，不論你的地位多高，身份多尊貴，都應該放下架子，展現謙遜的親和力，如果你老是擺出一副高高在上的架勢，誰都不會想買你的帳，最後你只好自己收拾殘局。

放眼古今中外，那些謙讓而豁達的人，總能贏得更多的成功。反之，那些妄自尊大、不肯放低身段的人，必然會引起別人的反感，把自己逼到孤立無援的境地，實在不值得同情。

一八六〇年，林肯身為美國共和黨候選人，參加總統競選，他的對手是身價不斐的大富翁道格拉斯。

當時，道格拉斯租用了一輛豪華富麗的競選列車，車後安放一門大炮，每到一站，就鳴炮三十響，加上樂隊奏樂，氣派不凡，聲勢極大。

道格拉斯得意地對大家說：「我要讓林肯這個鄉下佬聞聞我的貴族氣味。」

林肯面對此景，一點也不在乎，他照樣買票乘車，每到一站，就坐上朋友們為他準備的耕田用馬拉車。

他發表了這樣的競選演說：「許多人都寫信問我有多少財產，其實，我只有一個妻子和三個兒子，不過他們都是無價之寶。此外，我還租了一個辦公室，室內有辦公桌一張，椅子三把，牆角還有一個大書架，架上的書值得我們每個人一讀再讀。我自己既窮又瘦，臉也很長，不會發福，我實在沒有什麼可以依靠的，唯一可以信賴的就是你們。」

最後，選舉結果大出道格拉斯所料，竟是林肯獲勝，當選為美國總統。

同樣的道理，每個人都知道既然要在職場上打滾生存，就逃不過經營人際關係的命運，不管你喜歡也好，討厭也罷，這是必須面對的事實。

以職場而言，關係是一種情感的展現，更是一條利益的通道，你有關係就有門路；沒關係，你就要尋找關係，在你的親戚中找，在你的朋友中找，在你的同學中找，在你的上司和部屬中找。

如果沒有直接的關係，你可以找間接的，透過地位低的，可以找地位高的，這關係之道，全在於你是否有延伸和擴大的本領。

你若是懂得經營，就能左右逢源。當你需要關係的時候，就要放下架子，放低身段，把相關的各個方面都打點周全。如果你在經營關係時，還擺出一副高高在上的樣子，那之前的努力就都白費了。

有個人為了辦一個手續，連跑好幾個地方，不知為什麼，總是解決不了問題。有人說要送禮，他不懂送禮，也不願送禮，只有憤憤然罵上兩句，自己苦惱不堪。

另一位朋友瞭解此事後，指點他直接去找某位主任。

但他到了辦公室，卻撲了一個空，追到家裡也沒人，還被勢利的管家「損」了幾句。他頓時火起來，卻又想想「好男不跟女鬥」，於是帶著滿腹懊惱回家，發誓再也不去找人幫忙了。

那位給他出主意的朋友知道後，哈哈大笑，說：「你呀，就是這麼不懂能屈能伸的道理！在外面做事，哪有這麼容易的！我找人辦事是一求、二求、三求，不行再四求、五求、六求。事實不可謂不詳盡，道理不可謂不充分。現在，我不但臉皮厚了，連頭皮都變硬了呢！」

這番話深深打動了這位朋友。第二天，他又「厚」著臉皮去找主任。結果是出人意料的順利，事情一下子就搞定了。

人生一世，存活下去，需要處理數不清的事，需要請無數人幫忙，萬事不求人是不可能的，既然如此，架子大了就是不行的。

「人在屋簷下，不得不低頭」，這句話有其合理性。

初涉世事的年輕人，往往「臉皮薄」，放不下「清高」的架子，自然也就容易遇到各種問題，不能與環境相互適應，便難以真正邁出走向社會的第一步。

職場強者的不敗生存術

臉皮厚一點，收穫多一些

與人來往，遭人冷面相對，幾乎是家常便飯。面對這樣的狀況，有的人會拂袖而去，有的人會心存怨恨，而這樣的反應雖在情理之中，受人同情，但卻不利於做人處世，有時還會因小失大，得不償失。

一旦遇到冷落，要研究對策，分析問題，再做出適當的反應。下面是三種常見被冷落的情況：

1 自我評價錯誤

無論是對自己評價過高還是過低，都容易給對方造成錯覺，認為你不誠實，因而遭到冷落。在這種情況下，應該先對自己重新分析、判斷，以及定位，才可能導正對方對你的看法，緩解負面情勢。

2 對方考慮欠佳

這算是對方不經意造成的冷落，如果受到這種冷落，你就不該過分計較，因為每個人平時都生活在多重人際關係中，你無權要求別人隨時要照顧到你的感受。畢竟人是難以面面俱到的，遭受這種冷落總是難免，你應充分理解，千萬不要因此弄僵與對方的關係。

3 對方故意給你難堪

對於這種情況，你必須努力克制憤怒，讓自己看起來滿不在乎，不論對方如何冷落你，你仍然熱情地與他互動，讓對方感動，慢慢地，情況自然就會好轉。

在遭受冷落的時候，千萬不能灰心氣餒，而是要區別對待，弄清原委，再決定對策。下面就是針對三種不同原因所造成的冷落，而做出的不同策略：

1 由於「自我評價錯誤」所造成的冷落

這種冷落所形成的原因，是對彼此關係評價預期過高，期望太大，造成失望。所以，這種冷落是「假」冷落，非「真」冷落。

如果遇到這種情況，應該先學習自我檢討，重新審視自己的判斷到底哪裡有缺失，才導致這樣的結果，不要一直把問題丟給別人，這樣就能使自己的心理恢復平靜，除去不必要的煩惱。

2 由於「對方考慮欠佳」所造成的冷落

對於這種無意識的冷落，應採取理解和寬容的態度。在社交場合裡，有時人多，主人難免照應不周，特別是各領域、各階層的人同時出席，顧此失彼的情形是常見的。這時，沒被照顧的人自然會產生被冷落的感覺。

當你遇到這種情況，千萬不要責怪對方，更不應拂袖而去。相反地，應設身處地為對方想一想，並給予充分的理解和體諒。

有位司機開車送主人去做客，一到現場，宴會負責人熱情地迎接客人，卻把司機忘了。一開始，司機還有些生氣，但又想想，在這樣鬧哄哄的場合下，宴會負責人疏忽是難免的，並不是有意看低自己。這樣一想，氣也就消了。然後，他就悄悄地把車開到街上，自己吃飯去了。

等到宴會負責人想起司機時，他已經吃飽飯，而且也把車子停在門外了。

宴會負責人感到很過意不去，一再檢討。這時，司機還謙稱說自己不習慣大場合，而且胃不好，不能喝酒。這種器度和為人著想的精神，讓宴會負責人十分感動。

事後，宴會負責人又專門找了一天，請司機來家裡做客。從此，兩人關係不但沒受影響，反而更親密了。

3 由於「對方故意給你難堪」所造成的冷落

遇到對方故意冷落時，更需要好好研究和分析，必要時可採取針鋒相對的手段，給予適當的回擊。

有一天，納斯列金穿著舊衣服去參加宴會。

他走進門時，沒有人理睬他，更沒人給他安排座位。於是，他回到家裡，把最好的衣服穿起來，又來到宴會上。

這時候，主人馬上走過來迎接他，安排一個好位子，並為他擺上最好的菜。

納斯列金把他的外套脫下來，放在餐桌上說：「外衣，吃吧！」

主人感到奇怪，問：「這是為什麼？」

他答道：「我正在招待我的外衣吃東西呀！因為，你們的酒菜不是要給華麗衣服吃的嗎？」

主人一聽，整個臉頓時漲紅了。

總之，在工作時、在社交時、在處理事情時，若遇到被冷落，不可主觀臆斷，必須先冷靜下來，瞭解問題後，再用最好的方法對應，避免造成不必要的損失。

向不可能挑戰，一生至少做一次！

面對複雜的職場和困難的工作，最怕的就是失去信心，如果你一直保有接受挑戰的勇氣，成功離你就不遠了。

有位住在愛達荷州的婦女，某天在雜誌上看到一則消息：「尋求能夠培養純白金盞花的主人，經查驗屬實，可獲得本公司提供的獎金一萬美元。」

當時，金盞花的顏色大部分都是黃色、金色或棕色。至於純白色的金盞花，幾乎不可能，也許那則消息只是為公司做宣傳。

然而，這位女士卻對這個消息深感興趣，雖然她對植物的遺傳學並不清楚，但是她瞭解一些配種的方法，當她正猶豫不決時，有一個聲音從她內心響起：「妳怎麼了，試試看不就行了嗎？」

於是，她很快地就展開行動。

首先，她去購買最大的黃色金盞花來種植，經由她細心的灌溉、施肥，終於開出太陽般的純黃色金盞花。接著，她再從中選擇幾朵顏色最淡的花朵，等花枯萎之後，收集種子，第二年再將收集的種子播種，開始培育。

她下定決心，不論花多少時間與精力，一定要獲得最後的成功，即使面對家人的懷疑和反對，她仍然持續地播種。

一段時間後，她發現金盞花的顏色愈來愈淡，但還是無法變純白色。

已經很多年過去了，她的孩子漸漸長大，有的結婚生子，有的搬出去住，最後她的丈夫也去世了，堅強的她一度沉陷於悲傷的情緒中，對於任何事情都無精打采。但這終究並非長遠之計，於是她再度鼓起勇氣回到金盞花的世界裡。雖然，後來她都已經當了祖母，卻仍堅信二十年來的辛勤耕耘。

終於，在某天的早上，她突然看到一朵雪白的金盞花，而且是真正的雪白，直挺挺地站在枝頭上，她臉上露出了笑容。

等花枯萎後，她從這朵花裡收集了一些種子，寄給種子公司。

經過儀器檢驗後，種子公司興奮地打電話來告訴她說：「我們要把獎金頒給你，感謝你所栽種的金盞花！」她終於如願以償獲得獎金，多年心血總算有了回報。

拿破崙曾說過：「成功就是向不可能挑戰。」

事實上不論在哪個領域，成大事的人都是「向不可能挑戰」的人。當然，因此而失敗的人也不少，但若不接受挑戰，絕對無法把「不可能」變成「可能」。

向任何人都認為不可能的事挑戰，一定會遇到很多困難，受人嘲笑、非難，甚至遭到壓迫。但是，來自社會的壓力越大，成功時的喜悅也就越大，而且相對地，成就也會更高。

職場強者的不敗生存術

誰不曾跌倒？站起來就好

你也許常常這樣想：「如果我被拒絕，該怎麼辦？」

有很多人一旦遭人拒絕，就會唉聲歎氣或大罵對方混蛋。對待挫折，不同的態度會招致不同的結果：當你遭人拒絕時就放棄努力，你得到的只是失敗；繼續嘗試，下定決心獲得成功，才是避免失敗的最好辦法。

對於那些自信而不介意暫時失敗的人，沒有所謂的失敗；對於懷著百折不撓意志的人，沒有所謂的失敗；對於別人放棄，他卻堅持，別人後退，他卻前進的人，沒有所謂的失敗；對於每次跌倒卻立刻站起來，每次墜地反而像皮球那樣跳得更高的人，沒有所謂的失敗。

一八三二年，美國有一個人和大家一樣，都失業了。

他很傷心，但他下定決心改行從政，當政治家，當州議員。糟糕的是，他競選失敗了。一年遭受兩次打擊，這對他來說，痛苦是接踵而至。

不過，他並沒有因此而灰心喪志，接下來他著手開辦自己的企業，但不到一年，這家企業又倒閉了。

在這此後的十七年裡，他不得不為償還債務而到處奔波，歷盡磨難。

後來，他再次參加州議員競選，這一次他終於當選了，這讓他的內心生起一絲希望，認定生活有了轉機——「我有機會可以成功了！」

第二年，即一八五一年，他與一位美麗的女孩訂婚。沒料到，距離結婚日期還有幾個月的時候，未婚妻卻不幸去世。這對他的精神打擊太大了，他心力交瘁，數月臥床不起，因此患上了精神衰弱症。

一八五二年，他覺得自己的身體已經慢慢康復過來，於是決定競選美國國會議員。可是，又失敗了。

一次次嘗試，一次次失敗，看在別人眼裡，都替他覺得心疼、痛苦、疲累，但他卻從來不曾放棄過任何機會。

一八五六年，他再度競選國會議員，他相信自己能夠勝任這個職務，也相信選民會繼續選他。可是，命運好像總是想捉弄他，他落選了。

之後，為了賺回競選所花費的一大筆錢，他向州政府申請擔任本州的土地官員。州政府退回了他的申請報告，上面的批文是：「本州的土地官員，必須具備卓越的才能、過人的智慧，你的申請未能滿足這些要求。」

在他一生經歷的十一大事件當中，只成功了兩次，然後又是一連串的碰壁。可是，他始終沒有停止追求自己的夢想，一直都是自己命運的主宰者。

到了一八六〇年，他終於當選美國總統。而他，就是後來在美國歷史上創建豐功偉績的亞伯拉罕・林肯。

林肯的成功是因為他的堅持不懈，在美國白宮的總統辦公室裡，他的肖像被懸掛在顯眼的位置上，羅斯福總統曾告訴別人說：「每當我碰到猶疑不決的事，便看看林肯的肖像，想像若是他處在這個情況下會怎麼做，也許你會覺得好笑，但這是我解決一切困難最有效的辦法。」

林肯在屢遭失敗後，如果選擇放棄，美國歷史就要重新改寫了。

然而，面對艱難、不幸和挫折，林肯從來沒有動搖，沒有沮喪，他堅持著，奮鬥著。他根本沒有想過放棄任何機會。

當你碰到麻煩，請不要氣餒，你可以想一下，當年的林肯比你困難多了！

林肯競選參議員失敗後，他告訴他的朋友說：「即使失敗十次，甚或一百次，我也絕不灰心放棄！」

著名心理學家詹姆斯有一段名言，希望你每天起床都默唸一遍：「不必煩惱自己所受的教育毫無用處，不論你做什麼事業，只要你忠於工作，每天都忙到累了為止，總有一天清晨醒來，你會發現自己是全世界最強的人。」

斷開障礙，燒毀心魔！

職場強者的不敗生存術

心理障礙對一個人的工作、生活極其不利，我們若要讓事情順利進行，最後得到成功，就要努力克服這道障礙。

每個人都有能力發展自己，獲得更大的成功，不幸的是，人們在開發自己潛能、取得成功的過程中，常會遇到自身的心理障礙，這就是所謂的「約拿情結」。

「約拿」是聖經中的人物，上帝給了他機會，他卻退縮了。這是一個懷疑自己，心理軟弱，甘願迴避成功的典型例子。

迴避成功的心理障礙，主要有下面幾種：

1 意識障礙

所謂意識障礙，是指由於人腦扭曲或錯誤地反映了外部現實世界，因而影響以至減弱人腦自身的辨認能力和反映能力，阻礙了人們對客觀事物的正確認識，以致於造成失敗。主要表現在：

①「**自卑型**」**心理障礙**：因生理缺陷，或心理缺陷，自認為智力水準低，或家庭、社會條件不如人。

②「**閉鎖型**」**心理障礙**：不願表現自己，把自我體驗封閉在內心，因而缺乏自我開發的積極性。

③「**厭倦型**」**心理障礙**：是一種厭惡一切、對什麼都不感興趣，或感覺無能為力的心理狀態。

④「**習慣型**」**心理障礙**：習慣是由於重複或練習形成的，並變成必須的行為方式。習慣形成一是自身養成，一是傳統影響。

⑤「**志向模糊型**」心理障礙：是指對將來要做什麼，或成為什麼樣的人，並不明確，因此不能進行自我能力開發。

⑥「**價值觀念異變型**」心理障礙：是指對於人的客觀事物價值，進行了不正確或錯誤的心理評估，形成一種畸形的價值意識，最突出的表現是貶低自己目前所從事的職業，因而無法就工作職能作自我開發。

2 意志障礙

所謂意志障礙，指人們在自我能力開發中，確定方向、執行決定、實現目標的過程中產生了阻礙，造成非專注性、非持恒性、非自制性等不正常的意志心理狀態。主要表現在：

①「意志暗示型」心理障礙：是指在制定和執行目標時，易受外界社會風潮和他人意向的直接或間接影響，而產生一種搖擺不定的意志心理狀態，比如「三天打魚，兩天曬網」。

②「意志脆弱型」心理障礙：表現在沒有勇氣去征服實現目標的困難，只是被動改變或放棄自己長期執行的既定目標。

③「怯懦型」心理障礙：這種人過於謹慎、小心翼翼，多慮、猶豫不決，稍有挫折就退縮，因而影響自我開發的能力。

3 情感障礙

所謂情感障礙，指人們在能力的自我開發中，對於各種客觀事物所表現的不正確情感或情緒。主要表現為麻木情感，也就是人們情感發生的界限超過常態，成為一種變態情感。

麻木情感的產生主要是由於長期遇到各種困難，受到各種打擊，自己又不能正確地對待和加以克服，以致於對外界事物的內心體驗界限增高，形成一種內向封閉性的心理狀態。它會使人喪失和外界互動的熱情，以及對理想、事業的追求。

4 個性障礙

所謂個性障礙，指人們在自我開發中，常常出現的氣質障礙和性格障礙，如抑鬱質的人易表現孤僻乖戾、不善交際的弱點；黏液質的人易表現優柔寡斷、缺少魄力的弱點；多血質的人缺乏毅力；膽汁質的人多表現出辦事武斷、魯莽等弱點。

5 其他障礙

除了意識障礙、意志障礙、情感障礙和個性障礙外，還有影響智力開發的幾種心理障礙，包括心理錯覺，知覺中的錯覺和偏見，思維定式的障礙等，這些心理障礙主要屬於認識上的主觀片面性、表面性，以及思想僵化等原因。

這些和迴避成功、害怕成功的心理障礙是兩種性質不同的心理障礙，但同樣對人的事業成功有著極大影響，特別是當這些心理障礙互相影響時，會形成一種強大的負效應，導致一個人的事業失敗。

上述這些心理障礙還會使人在與他人互動的過程中，產生一種社會恐懼。社交恐懼，簡單地說就是在社交場合，怕被別人注意或稍有差錯就產生極度恐懼的情緒。

據專家調查發現，社交恐懼症是最常見的神經緊張和失調的病症，它是一種對難堪或出醜表現的強烈反應，以及令人身心疲憊的恐懼感。擁有這種症狀的人害怕在公共場合講話，不願意接觸人，不願意與人共事。

當你發現自己存在社交恐懼時，應該及時克服，下面幾種方法不妨一試。

1 平衡心理，主動出擊

對社交出現恐懼的根源在於，害怕社交中出現棘手、無法應付的情況，讓自己難堪、出醜。當一個人對外界不確定時，就會出現恐懼心理，但與其害怕，不如主動面對。因此，不妨主動尋求外界的刺激，以提高你的心理強度和解決問題的能力。

你要做的就是勇敢地邁出第一步，當你邁出第一步以後，會發現你所恐懼的其實根本不值得一提。

2 放鬆，再放鬆

社交過程中，不要背包袱，學會輕鬆、坦然地面對一切。而這其中的關鍵就是——你要學習忘掉自我。

有社會恐懼的人都過分注意自我：我這樣說話好不好？我的衣著打扮是否得體？……滿腦子轉著這樣的念頭，結果越想越緊張，越緊張就越拘謹，如不及時擺脫這種窘境，勢必導致社交失敗。

不妨換一個角度想問題：眼前的社交對象未必比自己高明，或許他也羞怯和害怕。在這樣充滿信心的情況下，就能夠變得泰然自若、鎮定沉著，而精神上的忘我和放鬆一旦形成，也就沒有那麼多的顧忌了。

不否定自己，不斷地鼓勵自己「我是最好的」、「天生我材必有用」；不苛求自己，能做到什麼地步就做到什麼地步，只要盡力了，不成功也沒關係；不回憶不愉快的過去，過去的就讓它過去，沒有什麼比現在更重要的了。

每天給自己十分鐘思考，只有不斷反省自己，才能夠不斷面對新的挑戰。

找一個可以聽你傾訴的對象，有煩惱是一定要說出來的，找個可信賴的人說出自己的煩惱，可能對方無法幫你解決問題，但至少可以讓你發洩一下。

有些人的做事能力總是差強人意，這不是因為他的智力不夠，大部份的原因都出在他沒有克服自己心理上的弱點。因此，只有不斷向自己挑戰，努力克服以上心理障礙，才能有嶄新的未來。

「磨」出所有的可能性

很多時候，成功其實是靠「磨」出來的。

日本「推銷之神」原一平，小時候是村裡的「混世魔王」，人見人怕。由於自己聲名狼藉，二十三歲那年，他隻身一人來到東京開始創業。到了三十五歲的時候，他已經成為日本保險界赫赫有名的人物，闊別家鄉十幾年的他，終於高高興興地回去探親。

原一平這次回家有兩個目的，一是想讓家鄉人知道當年的「混世魔王」已經改過向善了；二是想在自己的家鄉開展保險工作。

所以，回到家鄉不久，他就開始大力宣揚保險知識。遺憾的是，村民根本不相信當年的「混世魔王」，很怕吃了虧、上了當，誰也不願意參加。

這樣的狀況，讓原一平很頭痛。

後來，原一平想到一個辦法——要想在村裡開展保險工作，最重要的是先求助於村長的幫忙。

但是，問題又來了！現在的村長是當年和原一平一起玩樂的朋友，而且當時的原一平經常欺負他，如今要想取得村長的幫忙，應該是不太容易的。

不過，原一平沒有放棄，找了時間、帶著禮物來到村長家，村長一看是當年的「混世魔王」回來了，不禁想起他以前在村裡做的壞事，心裡有所戒備。

當原一平提及讓村長幫忙動員村民一起學習、參加保險的時候，果不其然，村長一口就回絕了。

第二天，原一平提著禮物又來了，村長有點不好意思，但依然拒絕了他。

第三天，原一平又來了。不過，這次村長的家人告訴他說，村長到幾十里外的鄰縣親戚家說明蓋房子的事。

原一平聽了，明白村長是故意不肯見他。

於是，原一平騎車按照村長家人說的地點追了過去。一到了那裡，他把車子一放，袖子一挽，一聲不吭地就開始幹活，而且還一邊和村長「磨」，目的就是想磨出點兒什麼來。

後來，為了找一個可以長談的時機，原一平乾脆天不亮就起床，冒雨趕到村裡，在村長家門外一站就是兩個鐘頭，村長起床開門後，愣住了，看見原一平淋得像落湯雞，只好答應他的請求。

村長這個堡壘一被攻破，村子裡的保險工作就等於展開了。

但是，這種纏著對方不放的生存術，並不是人人都能做得很好，必須做的進退得宜，才能發揮作用。下面有幾項重點，可提供參考：

1 足夠的耐心

當過程中出現僵局時，人的直接反應通常是煩躁、失意、惱火，甚至發怒。然而，這無助於事情解決，你應該理智地控制自己，採取忍耐態度。

這時候，忍耐所表現的是對對方處境的理解，是對轉機到來的期待，有了這種心境，你就能在精神上讓自己處於強有力的地位，能夠方寸不亂，展現自己的聰明才智，想方設法去突破僵局。

2 抓住時機

「磨」不是消極地耗時間，也不是硬和人家要無賴，而是要善於採取積極行動，影響對方、感化對方，讓事情往好的方向發展。

只要你善於用行動證明你的誠意，就能促使對方去思索，因而理解你的苦心，從固執的框框裡跳出來，那時就是「磨」出希望了。

磨功，也是一種韌勁，一種謀略，誰磨的功夫高，誰就是勝者。

——職場王牌的不敗生存術 搞懂飯局潛規則

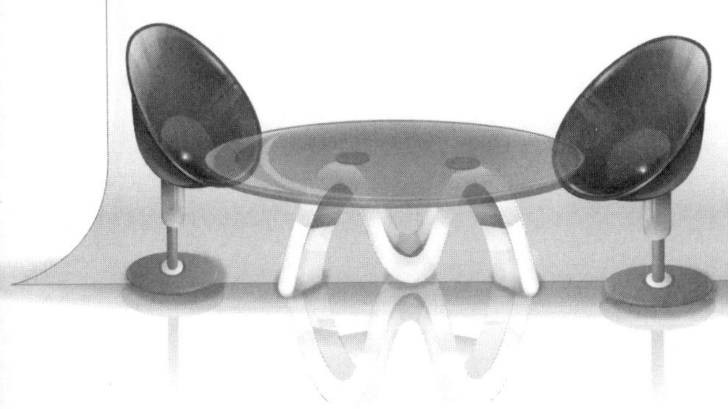

職場王牌的不敗生存術

借花獻佛，盛情難卻

宴請別人時，如果邀請方式得當，當然皆大歡喜，但如果邀請不當，不僅會被別人拒絕，而且顯得尷尬，彼此關係容易有變化。

這時，你或許可以考慮採用借花獻佛的方式邀請他人。

一般說來，這種方式可使受邀請的人，因為盛情難卻，或因為牽涉到其他人事物的複雜關係，而無法拒絕，最後接受你的邀請。

例如，你可以利用自己的喜事，當作「花」來借一下，「主任，我對中統一發票耶，真是太開心了！走吧，我請你喝飲料。」這不但能讓對方有分享喜悅的感覺，而且十分自然真誠，被拒絕的機率也就變的很低。

有一個年輕人，胸懷大志，志向不凡，他一直很想開一家小公司，證明自己的能力，但是，資金卻是個大問題。

後來，他想到可以請求同學的父親幫忙，於是千方百計地從同學那裡打聽到他父親喜歡吃海鮮，便決定到附近一家知名餐廳宴請同學的父親。

不過，這位年輕人也從同學口中得知他的父親不輕易赴宴，對於一般的社交應酬，有些排斥，常常有人邀請他父親，甚至不乏高官達人，但父親大多會委婉回絕。這一點，倒是讓年輕人覺得很頭痛、很棘手。

年輕人為此左思右想，後來終於想出一個方法。

月底的某一天，這位年輕人從同學那裡得知他父親週末在家裡休息。於是，他在上午十點左右，立刻趕往同學家，並且故意當著同學父親的面，告訴同學說自己最近投資一個案子，賺了一筆錢，想要請同學到知名餐廳吃海鮮，同時，也大力邀請同學的父親一起去。結果，年輕人真的順利地邀請到同學的父親。

用餐的時候，年輕人向同學的父親談起自己的生意，並說了自己眼前遇到的困難，很希望對方能幫助自己。

沒想到過了幾天，同學就告訴年輕人說父親打算幫助他創辦公司。

從這個例子可以看出，這位年輕人之所以能得到同學父親的資助，完全就是運用「借花獻佛」的策略，不但找對了時機，更用對了藉口，後面的事情自然水道渠成，成功達到目的。

職場王牌的不敗生存術

引導對方進入你的邀請計畫

1 喧賓奪主邀請法

宴請他人時，有一種邀請方式叫「喧賓奪主邀請法」，這在商場上十分常見，雖然感覺有一點點霸王硬上弓的味道，但只要注意表達方式，還有一些小細節，仍然可以做的很自然，讓對方感覺愉悅。

但若要用這種方式，你必須事先調查一下要邀請的人所在的地方，然後就近選擇一家有特色的餐廳，最後以誠摯的態度發出邀請。

例如，你可以說：「吳院長，中午有空嗎？一起吃飯好嗎？我在您這附近發現了一家餐廳，就在對面小巷子裡，距離你的辦公室走路只要三分鐘就到了，那裡的烤鴨真是一流，而且環境也不錯……」

對方：「不好意思……」

「喔，您中午沒時間啊？沒有關係，這樣吧，下午我去訂個位，然後晚上您帶您的家人過來，我們一起去用餐，怎麼樣？……晚上我給你電話哦！」

這樣發出去的邀請，別人就很難再有藉口推辭了。同時，你也就有了接近對方、求其辦事的機會了。

2 先誘惑，再發出邀請

想要邀請別人時，你也可以先說一些極具誘惑力的話，然後再發出邀請。這樣，邀請成功的機會就會比較大。

以實際的做法來說，就是你可以先跟對方說一些無關緊要的話，類似閒聊哈啦，然後再提出邀請。

例如，你可以說：「鄭總經理，您是北方人吧？」

鄭總經理：「沒錯，我是北方人。」

「我就喜歡東北人，直爽！哦，我還特別喜歡吃北方菜，像有一道菜，就是把大骨頭拿去蒸，而且有一股醬味，叫……」

鄭總經理：「喔，是『醬骨架』。」

「對對對，就是『醬骨架』！我特別喜歡吃那道菜，我知道有家東北菜館，他們那裡的廚師手藝非常道地，做出來的『醬骨架』真是太美味了，想到就流口水……這樣吧，現在我們就去嘗嘗？」

對方聽到這裡，大概已經流下口水，再加上你的勸說，他就會不自覺地跟你去了。等到他吃得美滋滋的時候，你再向他提出要求，對方就很難拒絕了。

因此在宴請他人時，不妨抓住對方飲食上的偏愛或癖好，來一招「先誘惑，再邀請」，這樣就能更輕鬆地達到目的。

職場王牌的不敗生存術

找個別人無法拒絕的理由

現在社會上的請客吃飯，大多都已經失去原有的意義，變成了一種排場、一種面子、一種投資、一種交易、一種手段、一種企圖。因此，有人戲言：「要學會做事，先學會怎麼請客吃飯」。

也許大家發現，請客吃飯是一種十分體面又毫無風險的「社交手段」，所以請客的理由越來越多，五花八門，見怪不怪。比如，生日、喬遷、出國、升官、開業等等要請客，還有上司、同事或部屬的結婚、生小孩等等也都不會放過。

總之，理由眾多，各有巧妙不同，就看當事人利用什麼樣的技巧，才能請的漂亮、請的理所當然。

小林是剛畢業的大學生，初入職場的他和辦公室裡元老級的同事總有些無法溝通的問題，連科長都說他有些木訥。

在辦公室裡，同事總能找到理由請客，科長也時不時欣然前往。但這時候，小林往往更被孤立，雖然他也會想要找理由請客，化解和元老級同事之間的不快，以及拉近和其他同事的距離。

小林沒有女朋友，生日也還有半年多，他實在找不到可以請大家的理由，也怕落個「馬屁精」的稱號，所以遲遲沒有動作。

有一天，小林獨自一人在路邊小店吃午餐，看到對面有一家彩券行，很多人正排著隊在買彩票。

小林突然靈光一閃，頓時想到一個好辦法。

從那天起，小林開始買彩票，還有意無意將買來的彩票遺忘在辦公桌上。因此，小林買彩票的消息，在同事之間不脛而走。

過了幾天，還沒等大家把這個消息炒成辦公室最熱門的話題時，小林某天早上鄭重對大家宣佈，說他中了兩萬元！

當天下班，同事和科長被小林請進了飯店，酒足飯飽後，小林從大家的眼神裡看到了認同和友好的神情，讓他覺得特別開心和滿足。

從此以後，他漸漸融入辦公室這個大團體，上司和同事也開始對他伸出協助之手，很樂意幫他解決任何工作上的問題。而且，就連他之後結婚、買房子的事，科長和同事也鼎力相助。

可以說，小林後來的人際大豐收都要謝謝那次「虛擬的中獎」！

所以，宴請別人一定要找個好理由，理由找對了、找好了，才能讓對方欣然赴宴，而你要達成的目標也就有希望了。

職場王牌的不敗生存術

與上司的飯局，完美表現！

宴請上司時，你必須加倍小心謹慎，畢竟上司不同於一般的親朋好友，過程中要是有什麼不得當的言行，不僅辦不成事，還會影響自己以後在公司的發展。

所以，宴請上司時一定要注意下面幾點：

1 即使熟識，仍要謹慎

身為部屬，邀請上司吃飯要特別慎重看待，即使與上司之間有深厚的交情，或是彼此已算十分熟識，也千萬不可大意。

這就像陳勝、吳廣反秦起義，在得到初步勝利後，陳勝一些在窮困潦倒時結交的朋友，來找陳勝吃飯，因為陳勝曾經說過：「苟富貴，無相忘。」所以大家總覺得陳勝是個講義意、不忘本的人。

沒想到，在大家開心吃飯喝酒的過程中，其中一人因為老是叫陳勝的小名，後來竟被陳勝找理由殺了。

請上司吃飯，先要好好選擇時機，例如可以選擇重要工作告一段落時，而且最好是大功告成，任務圓滿完成的半個月之內，或者你剛剛升官，或者你想給上司一個很重要的建議時，可以宴請上司。

新上任的經理可以請老總吃午餐，但若邀請到家中做客，則顯得不合適，除非你們有非常親近的關係。

2 進餐時的注意事項

在工作酒會、宴會中，一定要等上司舉杯了，你才能舉杯，或者你可以舉杯敬上司，但千萬不要拿起杯子，一句話不說就一飲而盡，那樣會讓上司以為你對工作有所不滿。還有，千萬不要在上司面前喝醉失態。

邀請經理攜帶配偶或伴侶用餐，其他人的配偶或伴侶也應參加。當然，也有例外，若客人的配偶或伴侶有要事在身，未予邀約就不算失禮。

如果沒有客戶在場，身為年輕職員，要時時顧及上司和年長同事（特別是女士）的需要，例如要拿個什麼或幫忙什麼。

當然，如果有客戶，就要照顧客戶的需求。還有，如果有「外人」在場，一定要表現出對上司的尊重，千萬不要像在公司一樣隨意開玩笑。

此外，如果前一晚上司請客吃飯，第二天見到上司時，一定要再次致謝。或者，也可以送個小紀念品，以示謝意，哪怕只是一張卡片，都會讓上司感受到你的禮貌和貼心，這絕對是加分的好機會。

另外，注意不要在上司面前道人是非，或是別人面前道公司、上司的是非，犯此大忌，你可能永遠無法翻身。

職場王牌的不敗生存術

與同事的飯局，注意關鍵細節！

請同事吃飯，可以加深彼此感情，為以後求人辦事奠定好基礎。

但是，「沒有永遠的朋友，也沒有永遠的敵人，只有永遠的利益」這句話用在描述同事之間的關係也是恰如其分的，同事關係是合作與競爭並存的利害關係。

表面上，大家天天在一起工作，心平氣和，相安無事，甚至互相補洞掩錯，事實上內心卻在各自打著自己的如意算盤。

如何與同事相處是一門藝術，如何請同事吃飯也是一門藝術。當你必須與同事吃飯時，最好注意下面幾點：

1 邀請同級同事吃飯

①可以邀請與你有直接業務關係的同事在餐廳吃午餐。

②可以邀請與你有個人關係的同事攜帶配偶在餐廳吃午餐。

③可以邀請與你是好朋友，或是有交情的同事，帶他或她的配偶、伴侶，到你

的家中吃晚餐。

④在職場中，單身或已婚婦女，單獨應邀與一位單身或已婚的上司共進午餐，是很正常的。然而，兩位結了婚的異性單獨共進晚餐，即使他們的晚餐約會只談公事，但別人卻不這麼想，正所謂「眾口鑠金」，應該避免。

⑤女性上司邀男同事共進午餐，這時候極有可能犯的錯誤就是讓男同事付帳，因為那違反工作社交的常規。

⑥若同事邀你到平價餐廳吃午餐，你不可邀請他到昂貴的餐廳，作為回報，那會使他覺得比不上你。

⑦若雙方配偶或伴侶都有空，你在邀請對方時，應該提出各自攜帶配偶或伴侶的建議，除非對方表明不方便。

2 與同級同事進餐注意事項

①請客的原則

許多公司有不成文習慣，就是升職要請客，這時，你當然要入境隨俗。

至於請些什麼呢？那要視加薪多少和職級而定，一則是量入為出；二則是身份問題。

如果你只是一名小職員，卻請同事吃大餐，未必個個會欣賞，可能有人認為你太「招搖」。所以，一切最好依照舊例，人家怎樣，你就怎樣。

有人當面恭維你：「你真棒，什麼時候再請第二次？」你可微笑回答：「要請你吃東西，什麼時候都可以呀！」相反地，有同事表示要請客恭喜你，你也要答應，否則就是不給面子，不接受人家的好意。

不過，答應之餘，需考慮：對方是否與你有不錯的關係，出於一片真心？還是彼此只屬泛泛之交，拍馬屁而已？若是前者，你自然可以開懷大嚼，至於後者，吃完之後，你最好反過來做東，這樣既沒接受他的殷勤，又沒有得罪對方。

②不談同事的隱私

在職場上，無論什麼場合或情境，都不可以談論同事的隱私，如被心懷不軌的同事聽到，很可能會加油添醋地到處宣揚。這樣，別的同事會怨恨你，你就會處於非常不利的處境。

③不要在同事面前批評上司

有些人白天在公司被上司毫無道理地斥責之後，喜歡晚上約同事訴苦、發牢騷。

這種事情一定要避免，不論多麼值得信賴的同事，當工作與友情無法兼顧的時候，朋友也會變成敵人。

在同事面前批評上司，無疑是自丟把柄給別人，有一天身受其害都不自知。

職場王牌的不敗生存術

與客戶的飯局，別搞砸了！

在職場上，邀請客戶吃飯是很常有的事情，但也許就是因為這個原因，使得很多人忽視了請客戶吃飯必須注意的重點，輕則導致事情辦不成，重則反而搞砸雙方原本的良好關係，得不償失。

如果你想和客戶保持好的合作關係，必須注意下面幾點：

①邀請

除非必要，儘量不要帶你的配偶或伴侶出席，因為他或她並不是所有人都認識的，你會整晚都夾在他們之間，好像陪配偶、伴侶也不對，陪客戶也不是，甚至可能因而忽略了對客戶的照顧。

②迎接客人

如果你先到，就應該讓客戶感到賓至如歸，把他們引薦給重要人物。

一進入餐廳，就要和上司一樣盡地主之誼，以目光和手勢示意客戶，請他走在前面，一方面表示尊敬，另一方面也好顧及客戶的需求。同時，可以配合語言提示，例如：「劉經理，您先請！」

③就座基本原則

面對大門的位子為主位，就是給主人坐，客戶要坐在主人右手的第一個位子，主人的副手要坐在主人左手的位子，而且副手要等上司和客戶先落座後再坐下。

至於，副手是否需要幫客戶拉椅子，則是不一定，因為副手如果是年輕女性的話，客戶反而會很不自在。

④點菜「客隨主便」

客人一般不瞭解當地餐廳的特色，往往不點菜，那麼，上司就有可能示意副手點菜。此時，副手要同時照顧上司和客戶的喜好，也可以請服務生介紹本店特色，但切不可耽擱太久，過分講究點菜，反而讓客戶覺得你做事拖泥帶水。

點菜之後，可以詢問上司和客戶「我點了菜，不知道是否合二位的口味」、「要不要再來點其他的菜」等等。

當然，如果事前能打電話到餐廳先做瞭解，就更加周到了。

⑤倒茶

如果上司和客戶的杯子裡需要倒茶，副手要義不容辭地立刻執行。

你可以示意服務生來幫大家倒茶，或請服務生把茶壺留在餐桌上就好，由你自己親自來倒，比較起來，後者的做法會更好，因為這是在遇到不知該說什麼話才好的時候，最佳的掩飾辦法。

當然，倒茶的時候要先給上司和客戶倒，最後再給自己倒。

⑥離席

用餐完畢，大家還要再閒聊一會兒，這時候正是去洗手間的最好時機，尤其是你發現上司和客戶的談話比較深入的時候，你可以適時離席，一方面讓他們有機會談的更細節，另一方面則是表示禮貌。

⑦結帳

此時，不要讓客戶知道用餐的費用是多少，否則是很失禮的，因為無論貴賤，都是主人的心意。當然，更不可以讓客戶搶著買單結帳，這會造成很難堪的場面，更可能導致令人不愉快的後果。

敬酒的規矩，你不能不知

宴請別人時，為了表示自己的誠意，常常需要向別人敬酒，而敬酒也是一門學問，敬的好不好、敬的對不對，影響甚鉅。

一般情況下，敬酒應以年齡大小、職位高低、賓主身份為依序。一般來說，要遵循先尊後長的原則，按年齡大小、輩分高低分先後次序來擺杯斟酒。

另外，和上司一起喝酒時，最大的重點就是秩序，就和開會一樣，官大當然是上座，然後按級別、所在部門，依次落座。

敬酒的次序也是依座位次序來安排，小人物要是不小心坐錯了位置，或者敬錯了酒，想必一定會嚇出一身冷汗。

小官敬大官要一乾到底，而部屬在敬酒時，則可說是機遇與挑戰並存。所謂機遇，是指零距離接觸上司，正是逢迎拍馬的絕好時機；所謂挑戰，是因為人喝了酒，表現就和平時不一樣，搞不好也會是最容易得罪上司的時候。

所以對部屬來說，敬酒很累，如履薄冰。小人物既要考慮現場狀況，又要察言觀色，隨時揣摩上司的心思，馬虎不得。

敬酒前一定要充分考慮好敬酒的順序，分清主次，即使與不熟悉的人在一起喝酒，也要先打聽一下身份，或是留意別人如何稱呼，這一點心中要有數，避免出現尷尬或傷感情的事情。

若有求於某位客人時，對他自然要倍加恭敬，但要注意：如果在場有更高輩份的人或年長的人，則不應只對能幫你忙的人畢恭畢敬，要先給尊者、長者敬酒，不然會讓大家都很難為情。

聽懂對方酒後的「真言」

除了特殊的人以外，大多數人喝多了酒，在酒精的影響下，會失去常態，所以有人說過，醉漢的話是不能全信，不可深信，但又不能不信的。

這時候，我們就要在「聽」的方面，多研究，多下功夫。

人們常說「以酒遮臉，無話不談」，或者「酒後吐真言」，這種情況當然存在，但是不可否認的是在更多情況下，由於酒精的作用，使得不少人酒後出狂言，所以酒後之詞不可一概全信，要認真分析，根據不同情況加以取捨，或者憑自己的判斷，去偽而存真，這才是正確的辦法。

辨別酒後的真言？假話？

要想正確辨別對方的酒後之詞。首先，我們必須認真觀察，仔細判別酒後說話之人，究竟醉到一種什麼程度。事實上，醉酒的程度大致可以分成五個等級，就是微醉、初醉、大醉、沉醉。

①微醉

對於微醉的人，由於他頭腦依然十分清楚，所以言談並未受到酒精的影響，思路也清楚，所不同者，有酒助興，神經略顯亢奮而已。此時，談話者一般表現為神采奕奕，談鋒頗健，而且思路清晰，邏輯性嚴密。

對於一些平時少言寡語、城府較深的人來說，這時可能大異於平時。所以，這是聽話、交談的大好時機。

尤其，當你有求於人時，此時對你大有幫助。但也要記住，此時說話的人醉酒極輕，思想活躍，完全能夠控制自己，所以不該把他所說的全都認為是「真言」，說不定這時候的他反而在語言中，運用了更多的技巧和隱語。因此，必需「去粗取精，去偽存真，由表及裡」。

如果要開誠佈公，那麼對於平日講話較少、城府較深的人，這倒是一個促膝談心，進一步窺視其內心隱秘的大好時機。

②初醉

初醉者在醉酒程度上已較微醉更進一層，此時，說話的人在思路上、交談的欲望上已出現不受主觀意念支配的現象。

可以說，這才叫做是「以酒遮臉」。而一般情況下，這也是「酒後吐真言」的前期階段。

正因為如此，所以初醉者此時談話的特點是，或者滔滔不絕，不讓別人插言；或者神情激奮，表情認真；或者斬釘截鐵，一言九鼎；或者態度神秘，令人莫測；或者思路靈活，大異往時；甚至語驚四座，極度坦誠。

總之，此時這人由於酒精作用，大腦的活動已進入亢奮時期，不太受日常習慣、想法和顧慮的限制。

雖然，他的語言是清晰的，邏輯是合理的，情緒是興奮的，態度是誠懇的，但是卻已異於平時，再不受面子、環境、關係、禮俗等約束。

可以說，他已經到了道一些平時所不想道、言平時所不肯言的階段，能夠破除情面關係，掃除世俗障礙，據實陳述的時候，所以，這是聽其人之言的大好時機，也是你求人辦事的大好機會，切不可輕易放過。

③大醉

人超過初醉，到了大醉就已經開始失去理智，此時，人的思維已經紊亂，意識已經模糊，判定能力已經失去。所以已經說不出什麼有邏輯、有思想的談話，從這種意識幾近模糊的談話中，已經很難獲得說話的真實含義以及真正想法，因此也就談不上什麼真言假語了。

④沉醉

人進入沉醉狀態時，正常意識基本已經消失，大多沉沉入睡，即使未曾入睡，也完全失態，即使尚能發聲，也是語無倫次，完全不連貫的胡言亂語，既談不上什麼語言，更談不上能傳達什麼想法和資訊。

綜上所述，初醉、微醉乃是談話和聽話的黃金時間，所謂「酒後吐真言」者，就是在這個階段。

所以，在這種情況下，聽者應當集中精力，努力獲取對方說出的資訊，千萬不要以酒後之詞無足輕重而輕忽，這樣就太可惜了。

如果說話的人已經進入大醉的階段，則聽者必須注意，千萬不可隨意地把「酒後吐真言」的說法用在這個階段。因為，人一旦已進入大醉、沉醉，則此時之言，多不足信，聽聽就好，否則你可能會倒大楣。

搞懂喝酒文化的奧妙

說到喝酒，幾乎所有人都曾有切身經歷，「酒文化」是一個既古老而又新鮮的話題，而現代人在社交過程中，也已經越來越發現酒的作用力了。

酒作為一種社交媒介，洽談生意客、迎賓送客、朋友聚會、傳遞友情、求人辦事，酒都發揮了獨到的作用。可見，如果你能多瞭解喝酒文化，必定對你的人際社交關係有很大助益。

1 不要竊竊私語

在酒桌上，應儘量談論一些大部分人能夠參與的話題，得到多數人的認同。

特別是儘量不要與人交頭接耳客、小聲私語，給別人一種神秘感，這往往會產生「只有你們兩人關係好」的嫉妒心理，造成負面影響。

2 隨時觀察，掌握大局

大多數酒宴都有一個主題，也就是喝酒的目的。赴宴時，應環視一下各位的神態表情，分清主次，不要單純為了喝酒而喝酒，而失去交友的好機會，更不要讓某些嘩眾取寵的酒徒搞砸酒宴氣氛。

3 語言得當，詼諧幽默

酒桌上可以展示一個人的才華、學識、修養和風度，有時一句詼諧幽默的話，會給別人留下很深的印象，讓人無形中對你產生好感。

4 察言觀色，瞭解人心

要想在酒桌上得到大家的讚賞，就必須學會察言觀色，因為要與人社交互動，就要瞭解人心，左右逢源，才能扮演好該有的角色。

學會進可攻、退可守

──職場常勝軍的不敗生存術

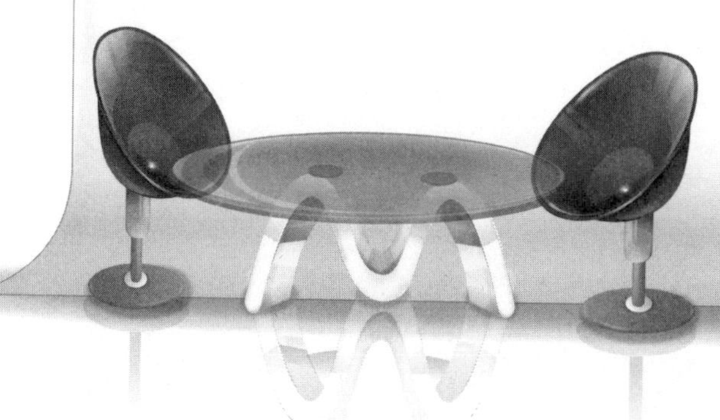

職場常勝軍的不敗生存術

找對時機求人，零拒絕率！

在職場上要求人幫忙，把握時機是非常重要的。當我們想盡辦法摸清對方的心理，並且終於等到一個合適的時機，就應該學會當機立斷，立即採取行動，避免猶豫不決，耽誤良機，這樣才有機會迅速達到自己想要的目的。

清朝慈禧太后，人稱「老佛爺」，她喜歡故意擺出不殺生、行善積德的樣子給人看，特別是在她六十大壽之際，她更要做出一番「功德」來，好讓天下人都知她慈禧有好生之德。

太監李蓮英為了能夠在眾臣面前，求得慈禧對自己的寵愛，以保自己的地位。於是，他絞盡腦汁想出並做出一些絕招來奉承慈禧。

六十大壽這一天，慈禧按預先安排好的計畫，在頤和園的佛香閣下放鳥。一籠籠的鳥擺在那裡，慈禧親自抽開鳥籠，鳥兒自由飛出，騰空而去。

等李蓮英讓小太監搬出最後一批鳥籠，慈禧抽開籠門後，鳥兒就紛紛飛出，但這些鳥兒在空中只盤旋了一陣，又唧唧喳喳地飛進籠中來了。

慈禧感到又驚奇又納悶，還有幾分高興，便問李蓮英說：「小李子，這些鳥怎麼不飛走啊？」

李蓮英很得意，知道自己做的準備，已經讓主子高興了。

於是，李蓮英跪下叩頭道：「奴才回老佛爺的話，這是老佛爺德威天地，澤及禽獸，鳥兒才不願飛走。這是祥瑞之兆，老佛爺一定萬壽無疆！」

一般說來，李蓮英這個馬屁可謂拍得極有水準，令人稱奇，但沒想到，這次卻拍馬屁拍到馬腿上了。

慈禧太后雖然覺得李蓮英對她拍馬屁拍得很舒服，但又怕別人笑話她昏昧，於是臉上露出了陰森的殺氣，隨即怒斥李蓮英道：「好大膽的奴才，你竟敢拿馴熟了的鳥兒來騙我！」

李蓮英並不慌張，他不慌不忙地躬腰稟道：「奴才怎敢欺騙老佛爺，這實在是老佛爺德威天地所致。如果我欺騙了老佛爺，就請老佛爺按欺君之罪辦我。不過在老佛爺降罪之前，請先答應我一個請求。」

在場的人一聽，李蓮英竟敢討價還價，嚇得臉都白了。因為大家知道，慈禧雖號為老佛爺，實際是一個殺人不眨眼的劊子手，許多因服侍不周或出言犯忌的人都被她處死，哪個敢像李蓮英這樣大膽。

慈禧聽了這番話，立刻鐵青了臉，說：「你這奴才還有什麼請求？」

李蓮英說：「天下只有馴熟的鳥兒，沒聽說有馴熟的魚兒。如果老佛爺不信自己德威天地，澤及禽獸，就請把湖畔的百桶鯉魚放入湖中，以測天心佛意，我想，魚兒也必定不肯游走。如果我錯了，請老佛爺一併治罪。」

慈禧也有些疑惑了，她隨即走到湖邊，下令把鯉魚倒入昆明湖。

這時候，稀奇的事情真就出現了，那些鯉魚游了一圈之後，竟又紛紛游回岸邊，排成一排，遠遠望去，彷彿朝拜一般。

這下子，不僅眾人嚇呆了，連慈禧也有些迷惑。她知道這肯定是李蓮英糊弄自己，但至於用了什麼法子，她一時也猜不透。

李蓮英見火候已到，哪能錯過時機。

這時候，他跪在慈禧面前說：「老佛爺真是德威天地，如此看來，天心佛意都是一樣的，由不得老佛爺謙辭了。這鳥兒不飛去，魚兒不游走，那是有目共睹的，哪是奴才敢矇騙老佛爺，今天這賞，奴才是討定了。」

李蓮英說完，立刻口呼「萬歲」拜起來，隨行的太監、宮女、大臣，一齊跪倒，個個都向他們的「大總管」投以奉承的眼光。

眼看事情都到了這個地步，慈禧太后哪裡還能發怒，她滿心歡喜，還把脖子上掛的念珠賞給了李蓮英。

且不論李蓮英的為人如何，從這個故事我們可以看出，李蓮英抓住時機討巧的工夫實在高明至極。在職場上，我們也應該學習如何抓住時機。

一個人之所以能成功，除了擁有一些必要條件，機會是不可忽視的，就連韓愈也在他的《與鄂州柳中丞書》中寫道：「動皆中於機會，以取勝於當世。」

比如，你想要升官晉職，就要看本公司、本部門的上司，是否因為工作突出被提拔了，或者到了法定年齡退休了，或者因工作犯錯被解職了，總之，原來的職位出現空缺，這個空缺就為你創造一個升遷的機會。

如果這個機會來臨時，你卻不知想辦法抓住機會，甚至是在工作中犯了錯誤，那官運就會與你失之交臂。

也許有人對此不以為然，他們總認為自己的提升是因為自己擁有某些才能。但其實這種說法是片面的，因為誰都知道，一個人被提升時，首先要有職位，若沒有空出的位置，任你才高八斗，學富五車，也不會被提拔上去。

要想成功，關鍵還是要靠自己努力把握時機。

把握時機最重要的是要認清時機，而所謂時機，就是指雙方能談得開、說得攏的時候，也就是對方願意接受的時候。

一個人還沒有從車禍喪子的悲痛中走出來，你卻上門拜託他給你兒子說媒，你無疑是會碰壁的；上司正為應付客戶而忙得焦頭爛額時，你卻找他談待遇的不公，那你肯定要吃「閉門羹」，甚至遭到訓斥。

所以，你務必要學會掌握說話時機，才能提高辦事的成功率。

下面這兩種時機可以說是請求對方的最佳時機，你一定要把它牢牢抓住，才會有事半功倍的效果：

1 在對方情緒高漲時

人的情緒有高潮期，也有低潮期。當人的情緒處於低潮時，人的思維就顯現出封閉狀態，心理具有反叛性。

這時候，即使是最要好的朋友讚美他，他也可能不予理睬，更何況是拜託他辦事，那真是天方夜譚。

而當人的情緒高漲時，其思維和心理狀態與處於低潮期正好相反。

此時，他比以往任何時候都心情愉快，表面和顏悅色，內心寬宏大量，能接受別人對他的求助，能原諒一般人的過錯，也不過於計較對方的言辭。

同時，待人也比較溫和謙虛，能聽進一些對方的意見。因此，在對方情緒高漲時，正是我們與其互動的好機會，切莫坐失良機。

2 在你幫了對方之後

中國人歷來講究「禮尚往來」、「滴水之恩當以湧泉相報」。

在你幫了他一個忙後，他就欠下對你的一份人情，這樣，在你有事求他幫忙的時候，他必然要知恩圖報。

也就是說，在不損傷對方利益的前提下，他所能做到的事情，一般情況下，都會竭盡全力幫助你，所以這正是提出請託的最佳時機。

職場常勝軍的不敗生存術

先為自己留好退路

在這世界上，我們都不可能獨來獨往。處理自己的事情時，有時會涉及別人的利益，因此我們必須全盤衡量，拿捏分寸，協調好各方面的利害關係，在爭取自己利益的同時，絕不能傷害他人。

也就是說，當我們在辦事情時，要先為自己留好退路，尤其是有些事情，一旦做了，可能就違法、違情、違理，使自己或別人遭受名譽、經濟或地位的損失。

東漢時期，光武帝的姐姐湖陽公主新寡，光武帝有意將她嫁給宋弘，但不知她是否同意，於是就和她一起議論朝廷大臣，以便暗暗觀察公主的心意。

後來，公主說：「宋弘的風度、容貌、品德、才幹，大臣們誰都比不上……」光武帝聽說後，就有意要促成這門親事。

過了不多久，宋弘被光武帝召見，光武帝叫湖陽公主坐在屏風後面，然後光武帝帶有暗示性地對宋弘說：「諺語云：『貴易交，富易妻。』這是人之常情吧？」

宋弘說：「古語說：『貧賤之知不可忘，糟糠之妻不下堂。』共患難的妻子是不應該被趕出家門的。」

光武帝聽完後，轉頭對屏風後面的公主說：「事情不順利啊！」

顯然，這件事屬於不該辦的事。

因為臣子宋弘有妻室，湖陽公主顯然是屬於「第三者插足」，如果皇帝辦成了這件事，雖然在當時不是違法行為，但卻是違背情理的。

這狀況皇帝當然也知道，所以就事先為自己留有退路，借用「貴易交，富易妻」來表達，宋弘以「貧賤之知不可忘，糟糠之妻不下堂」來回應，既保住了皇上的面子，也順利推脫了事情。

所以，當有人違背你的人生信念而託你辦事時，你絕不能貪圖一時之利，不負責任地答應他、縱容他，一定要慎重考慮可能引起的後果。

如果有人想胡整別人，編造假的事實，求你出面作偽證，或者有人想讓你和他一起做違法亂紀的勾當，而你不想與其同流合污，就要有勇氣拒絕。

另外，在辦事情時，既要考慮到成功的一面，也要考慮到有失敗的可能，兩者兼顧，方能周全。

在欲進未進之時，應該認真地想一想，萬一不成怎麼辦？以便及早地為自己留一條退路。

清朝乾隆年間，紀曉嵐任左都禦史時，員外郎海升的妻子吳雅氏死於非命，海升的內弟貴寧狀告海升將他姐姐毆打致死，但海升卻說吳雅氏是自縊而亡。

案子越鬧越大，難以做出決斷。

步軍統領衙門處理不了，又交到了刑部。經刑部審理，仍沒有結果。原因是吳雅氏之弟貴寧，以姐姐並非自縊為由，不肯畫供。

後來，經刑部奏請皇上，特派朝中大員複檢。

這個案子本來並不複雜，但由於海升是大學士兼軍機大臣阿桂的親戚，審案官員怕得罪阿桂，就有意包庇，判吳雅氏為自縊，給海升開脫罪責。沒想到貴寧不依不饒，不斷上告，驚動了皇上。

皇上派左都禦史紀曉嵐，會同刑部侍郎景祿、杜玉林、帶同禦史崇泰、鄭徵和東刑部資深已久、熟悉刑名的慶興等人，前去開棺檢驗。

紀曉嵐接了這樁案子，也感到很頭痛。

其原因不是他沒有斷案的能力，而是因為牽扯到阿桂與和。他倆都是大學士兼軍機大臣，並且兩人長期明爭暗鬥。

這海升是阿桂的親戚，原判又逢迎阿桂，紀曉嵐敢推翻嗎？

而貴寧這邊的狀況，告不贏，就不肯甘休，他何以有如此膽量？原來，是得到了和的暗中支持。

那麼，和的目的何在？是想藉機整掉位居他上頭的軍機首席大臣阿桂。

而和與紀曉嵐積怨又深，這回紀曉嵐若是把斷案結果向著阿桂，和怎麼可能不藉機好好整他一下？

打開棺材，紀曉嵐等人一同驗看。

看來看去，紀曉嵐看死屍並無縊死的痕跡，心中早已明白，但口中不說，他要先看看大家的意見。

景祿、杜玉林、崇泰、鄭徵、慶興等人，都說脖子上有傷痕，顯然是縊死的。這下紀曉嵐有了主意，於是說道：「我是短視眼，有無傷痕也看不太清，似有也似無，既然諸公看得清楚，那就這麼定吧。」

於是，紀曉嵐與差來驗屍的官員，一同簽名具奏：「公同檢驗傷痕，實是縊死。」這下更把貴寧激怒了。

他這次連步軍統領衙門、刑部、都察院一塊兒告，說因為海升是阿桂的親戚，這些官員有意袒護，徇私舞弊，斷案不公。

後來，乾隆又派侍郎曹文植、伊齡阿等人複驗。這回問題出來了，曹文植等人奏稱，吳雅氏屍身並無縊痕。乾隆心想這事與阿桂關係很大，便派阿桂、和會同刑部堂官及原驗、複驗堂官，一同檢驗。

終於真相大白：吳雅氏被毆而死。海升也供認是自己將吳雅氏毆踢致死，製造自縊假象。

案情完全翻了過來，於是原驗、複驗官員幾十人，一下都倒楣了！有被革職的，有被發配到伊犁的。

唯獨對紀曉嵐，皇上只給他個革職留任的處分，不久又官復原職。因為紀曉嵐曾說自己「短視」，這就是為自己留了退路。

《戰國策》中有一句名言叫「狡兔三窟」，意指兔子有三個藏身的洞穴，即使其中一個被破壞了，尚存兩個；如果兩個被破壞了，還剩一個。這就是一種居安思危的生存方式，也是一種先見之明的預防策略。在辦事中，我們不妨學學這一招。

用最大的努力去爭取最好的結果，同時，做好失敗的心理準備，以及應變措施。像這樣做人辦事，就能以不變應萬變，永遠立於不敗之地了。

職場常勝軍的不敗生存術

過於敏感，難以成大事

人與人相處，有時我們以為對方與自己情感融洽，交情甚篤，但沒想到，在某些關鍵時刻，才發現自己似乎有些自作多情。

例如，你去拜訪一位自認為關係不錯的朋友，心想以兩人的交情，對方必定會給予熱情接待。可是到了之後才發覺，對方並沒有這樣做，而是十分隨意的招待，甚至讓你覺得有些敷衍，使得你失落感極大。

其實，這真的是對方輕率馬虎、不看重你嗎？還是，自己對彼此關係的認定錯誤，導致期望過高所造成的。

在社交中，察言觀色當然是必備的技能，但是如果你過於敏感，那就等於給自己套上一個無形的枷鎖，對於自己的人際關係是沒有益處的。

這種過度敏感的表現，其實就是一種自卑感在作怪。

這樣的人總希望自己是團體中的強者，是別人心目中的優秀分子，但往往又事與願違，想像與現實之間有距離，而這種距離使他們更加敏感緊張，隨時注意任何可能對自己不利的信號。

結果，很有可能反而形成一種惡性的心理迴圈：你越緊張兮兮的，就越容易成為別人的話柄或笑料。而且，也會更進一步加劇你的猜疑與敵意，惡性循環之後，就會把人際關係搞得一團糟。

菲菲到多年不見的同學家去探望，這位同學的能力過人，以前在學校的表現就很出色，現在則已成為商界的風雲人物。

每天拜訪這位同學的人很多，行程滿檔，應接不暇。因此，對於來訪的客人，只要是一般關係的，他一律以不冷不熱的態度待之。

菲菲以為自己會受到同學的熱情款待，不料到同學家之後，發現同學對她的態度有些冷漠，心裡頓時有一種被輕慢的感覺，認為對方太不夠朋友。因為，小坐片刻後，便藉故離去。她憤憤然離開，決心再不與這位同學來往。

但後來菲菲才知道，那其實是這位日理萬機的同學在家裡招待客人的原則，並非針對哪個人。而且她再一想，自己並未與這位同學有過深交，自感冷落，不過是自作多情罷了。

於是，她改變了自己的心態和想法，採取主動姿態又重新與對方連絡、互動，反而加深彼此的瞭解，增進了友誼。

在這個案例中，幸虧事後菲菲沒有因為過度敏感，而到達不與同學來往的地步，反而因為自我檢討而增進友誼。假如，當初她因受了一次「自認為」的冷落，就和對方疏離，甚至不來往了，那真是可惜。

無論是工作或生活中，過度敏感都是對自己很不利的，因為大部份的負面感覺，其實都只是自己的想像，可說是庸人自擾之。

曾有一位作家寫過一件趣事——

上中學時，幾位同學在一起邊走邊玩，忽然間走在前面的一位姓馬的同學轉過頭來，憤怒地叫道：「你們叫誰馬寡婦？」

其實，大家談論的話題與她一點關係都沒有，她就這樣給自己起了個外號。

人們常說做賊心虛，可是有很多人，他們自己明明並沒有做什麼見不得人的事，但心裡卻常發虛，導致疑神疑鬼，自卑感作祟。

他們總是過分注意別人對自己的評價，或是態度的微小變化，其實別人對他們並沒有什麼特別之處，但他們總會以為大家對他們有成見。

這樣一來，不但把自己弄得緊張壓迫，別人也可能因為不舒服而遠離，在人際關係上造成很大損失。

職場常勝軍的不敗生存術

搞定輕重緩急，抉擇不痛苦

事情有大有小，有輕有重，到底是要放棄西瓜撿芝麻，還是丟掉芝麻撿西瓜，這既可能涉及自身的利益，又可能涉及他人或整體大局的利益。

所以，在這取捨兩難的選擇之間，就應該好好思索一下事情的輕重緩急，儘量採用捨小取大、棄輕取重的處理原則。

這樣，雖然可能丟掉了小利，但所換取的可能是大利或大義。

藺相如是戰國後期趙國人，他本是趙國宦官令繆賢的門客，通過完璧歸趙、澠池之會後，一躍成為趙國的上卿。

廉頗是趙國上卿，多有戰功，威震諸侯。藺相如卻後來居上，使廉頗很惱火，他想：「我乃趙國之大將，身經百戰，出生入死，有攻城野戰之大功，你藺相如不過運用三寸不爛之舌，竟位居我上，實在令人接受不了。」

他氣憤地說：「我見相如，必辱之。」

從此以後，每逢上朝時，藺相如為了避免與廉頗爭先後，總是稱病不往，刻意自行退讓，不與他鬥。

有一次，藺相如和門客一起出門，老遠望見廉頗迎面而來，連忙讓手下人回轉轎子躲避開。

門客見狀，有些不解，也有些不悅。

忍俊不住的門客對藺相如說：「我們跟隨先生，就是敬仰先生的高風亮節。現在，您與廉頗將軍地位相同，而您見了他就像老鼠見貓一樣，就是一般人這樣做也太丟身份了，何況一個身為將相的人呢！連我們跟著先生，也覺得丟人。」

藺相如問：「你們嫌我膽小，你們說廉將軍和秦王相比，哪個厲害？」

門客答道：「秦王厲害。」

藺相如說：「既是秦王厲害，我都敢在朝廷上呵斥他，侮辱他的大臣們，我連秦王都不怕，卻單單怕廉將軍嗎？」

藺相如接著說：「我想強秦不敢發兵攻打趙國，是因為我和廉將軍在位。如果我們二人爭鬧起來，勢必不能並存。我之所以這樣做，是把國家利益放在前頭，把個人的事放在後頭啊！」

這時候，門客才恍然大悟，對於藺相如的苦心深感佩服。

而廉頗聞之，則深感內疚，於是負荊請罪，與藺相如結為「刎頸之交」，演出一幕千古流芳的「將相和」。

藺相如之所以能千古流芳，就在於他能忍小辱而顧全國家大義，把事情的分寸拿捏的恰到好處，趙國之所以不被他國欺負，就是因為有將相文武二人的威勢。

可見，掌握好事情的分量，十分重要，這不僅和個人利益有關係，對於群體利益也有很大的影響。

事情有大小、有種類、有難易，有的事關係到自己的切身利益，有的事則可辦可不辦。我們不但要知道哪些事應該辦、怎樣辦，而且還要知道哪些事該辦，哪些事不該辦，避免本末倒置，搞錯重點，害人害己。

如果你覺得事情能夠辦成，就應該毫不猶豫地去辦；如果你覺得對於要辦的事情把握不大，就要給自己留下轉圜的餘地；如果你覺得要辦的事情沒有能力辦到，就不要勉強去辦。

有些事情無論是工作上的、家庭中的、人際社交方面的，能夠辦的要及早辦，不能辦的也要想辦法找關係請人幫忙，不要老是說一大堆理由或藉口，而且越是棘手的越要早點想辦法處理，才能得到自己想要的結果。

拿捏好分寸，掌握好火候

辦任何事情都應有輕重緩急之分，有的事發生後，必須馬上處理，延誤了時間就可能與預期目標相背離，或是財產損失加大，或是身家性命有危。

但是有些人際關係的處理，發生之時，立即解決，可能會火上澆油，使事態發展愈加嚴重，若是冷卻幾日，讓當事人恢復理智以後再處理，就可能會大事化小，小事化無，順利解決所有問題。

所以，處理事情時要掌握好火候，這對事情的成敗至關重要。

像我們都熟知的「將相和」歷史故事，如果藺相如在廉頗正氣勢洶洶之時，去找他解釋，與他理論，即使和顏悅色、平心靜氣，廉頗也可能一句也聽不進去。這樣不但不利於解決矛盾，反而極有可能引起新的衝突，使事態嚴重，對彼此雙方更不利，對於大局也有負面影響。

而為了掌握解決衝突的「火候」，有人研究出一種「一一〇%法」，即事情發生後，再等一一〇%的時間。

在這一〇%的時間裡，你的朋友或對方，可能會因為說出的話、做過的事向你道歉，同時也會讓你的頭腦更清醒，不至於在盛怒之下失去控制。

受到別人的傷害，我們很可能暴跳如雷、怒髮衝冠，但與其如此，不如暫且迫使自己先冷靜下來，然後再去想應該怎樣回應，要知道大多數人不是有意傷害我們，很多誤解都是無心的。

事實上，我們永遠也無法避免受傷害，它是我們生活的一部分。既然如此，何必憂之恨之？

除此之外，不但要希望別人不傷害你，還要時刻想到自己不去傷害別人，只有這樣，才能活得輕鬆、活得愉快，產生正面循環。

需要我們立刻去完成的事就是最重要、最緊急的事，不該因為任何理由而拖延。做完了一件事之後，又可依此方法對下面的事進行分類。

那麼，我們應該依據什麼來分輕重緩急，設定優先順序呢？

善於辦事的高手都是以分清主次的辦法來統籌時間，把時間用在最有「生產力」的地方。但是，這該如何實行呢？下面提出三個判斷標準：

1 必須做什麼？

這有兩層意思：是否必須做，是否必須由我做。如果，這件事非做不可，但並非一定要親自執行，可以委派別人去做，自己只負責監督。

2 投資報酬率如何？

應該用八〇%的時間去做一些能帶來最高回報的事情，而用二〇%的時間做其他事情。所謂「最高回報」的事情，即是符合「目標要求」，或自己會比別人做得更好、更有效率的事情。

以前，日本大多數企業還認為下班後經常加班的員工是最好的員工，現在則不這麼想。他們認為一個員工靠加班來完成工作，說明他可能不具備在規定時間內完成任務的能力，工作效率不佳。

因此，勤奮已經不是正面的代名詞，高投資報酬率才是重要的。

3 什麼能給自己最大的滿足感？

最高回報的事情，並非都能給自己帶來最大的滿足感，均衡才能和諧滿足。因此，無論你的地位如何，總需要分配時間給讓自己滿足和快樂的事情，唯有如此，工作才有樂趣，並能長久保持工作熱情。

練習分清事情的輕重緩急，逐步學習如何安排時間，不要避重就輕。事情肯定會有輕重緩急，先集中時間，把最重要的事情完成，不重要的即使慢一點完成，也沒有關係，影響不大。再者，可以利用零散的時間做事，這樣就能在不知不覺中完成繁瑣的雜務，提高效率。

職場常勝軍的不敗生存術

死要面子的人，最愚蠢！

古人說：「死要面子活受罪。」

許多在職場上努力求生存的人，本身條件好，能力強，也有不錯的人緣，但可惜卻太愛面子，導致所有優點都被掩蓋，得不償失。

我們對於面子應該是這樣理解的：一個人不可能不要面子，但又不能夠死要面子。死要面子的人，往往會真正丟了面子。

小說《紅樓夢》裡，就描述了已經敗落，但仍不肯拋棄面子的世家子弟形象。在他們看來，如果這些面子一旦全都不存在，活著也就沒意思了！可見，很多人把面子看得比生命還重要，這就是他們的人生哲學。

面子當然應該要，一個一點面子也不要的人，恐怕也沒有自尊心了。

但關鍵是要搞清楚，到底怎麼做才算不失面子？又，什麼面子可以丟，什麼面子應該要保住？答案是，出於虛榮的面子應該丟，有關人格的面子需要保。

事實俱在，曲直分明，面子不保亦在；嘩眾取寵，裝腔作勢，面子雖保猶失。

齊國有一個很窮的人，娶了一個老婆，還有一位小妾。

這個人祖上也曾發達過，但現在不行了，然而他的面子可低不下來，就是在自己的老婆、小妾面前，也不忘打腫臉充胖子。

他常會對妻妾說，今天有貴客要請他赴宴，而且每次回來時，都裝成酒足飯飽的模樣。後來，老婆覺得自己家境清貧，而丈夫卻能經常赴貴人的宴會，於是就跟在丈夫背後，想一探究竟。

終於，她發現了丈夫的秘密。

原來丈夫每天都來到東門外的一個墓地裡，跑到上墳人那裡去乞討剩餘的祭品，還每天得意洋洋地在妻妾面前，擺出一副不可一世的樣子，絲毫不覺慚愧。因為在他看來，這樣才算有面子，也就不管什麼死要面子活受罪了。

其實面子的危害豈止是活受罪，有時還是傷害自我的導火線。

中國古代，人們把勇敢看成有面子，所以，傳說有兩位勇士，為了表示勇敢，居然互割對方的肉下酒，最後雙雙送了性命。

一位從事科技研究的人，技術與學識也許不差，但由於自尊心過強，所以，儘管年逾不惑，卻仍然和同事們難以和睦相處。

原因是，不管在學術問題的討論上，還是在工作的安排上，甚至就連日常瑣事的看法和處理上，只要別人的意見與自己不合，他就覺得面子受損，一點也不能容忍，還會立刻發脾氣，非要別人按自己的想法去做不可，不然就惡語相加。

因為他覺得自己永遠高人一籌，意見必然正確無誤，別人只有跟著走的份兒，否則就是以邪壓正。

而且，他認為那些人之所以不認同他的想法，就是想讓他出糗難堪，這一點更讓他深惡痛覺。凡是與他相處稍久的人，無不敬而遠之，避之唯恐不及。試想，這樣的人能受多少人的肯定？能有多少成功的機率？

古代人要面子，現代也有不少相同想法的人，有時甚至有過之而無不及。

現代社會貧富差距不斷加大，許多人在社會劇變中失去了自我價值的判斷能力，他們的心理遭受極大扭曲，因此想要借助虛榮來滿足自己的面子。

有些人即使債臺高築，也要揮金如土，與他人比吃、比穿、比用、比收入。

當官的比轎車、比住房、比待遇、比職級；婚喪喜慶時，講排場、擺闊氣；在住房裝潢中，比豪華氣派；在生活消費中，大手大腳，寅吃卯糧，借貸消費。

而這麼做的目的，無非就是為了要讓他人將目光聚集在自己身上，以滿足自己的「面子」。

職場常勝軍的不敗生存術

吝嗇，讓你斷送大好未來！

過於吝嗇，在工作職場或人際社交都算大忌，因為它會使原本容易達成的事情，功虧一簣，所有心力都白費了。

春秋時期的范蠡，既是一位有才華的謀士，又是一名家財萬貫的大商人。他曾輔佐越王勾踐打敗吳國，隨後功成身退，移居別地經商，以他的聰明才智，很快富甲一方，因此，還被後世奉為中國商人的始祖。

但是後來，他的二兒子因為殺人獲罪，而被囚禁在楚國，范蠡計畫用金錢保全兒子的性命。

他有一位朋友叫莊生，莊生與楚王的關係很好，楚國上下都非常敬重他，於是范蠡決定透過莊生來解救自己的兒子。

雖為朋友，范蠡還是讓長子帶了足夠的錢財和一封書信去見莊生，並囑咐長子把信和錢交給莊生，其他一切都聽從莊生安排。

范蠡的長子到達了楚國，發現莊生家徒四壁，院內雜草叢生，一點也不像個達官顯貴的樣子。雖然，他按父親的囑託，把信和錢交給了莊生，但心中並不認為莊生可以救出弟弟。

莊生收下錢和信，告訴范蠡的長子：「你趕快離開吧，剩下的事情交給我來辦，即使你弟弟出來了，也不要問其中的原委。」

但范蠡的長子由於心存疑慮，並未聽從莊生的話馬上離開，而是接著又去賄賂其他權貴，覺得這樣比較保險。

莊生因為得了范蠡的好處，就說服楚王大赦天下，楚王也聽從莊生的建議。范蠡的長子聽說楚王大赦天下，覺得弟弟一定也會被放出來。

既然如此，那麼自己送給莊生那麼多的錢財，不就等於白送了嗎？於是，他又去找莊生把送去的錢要了回來。

他因為自己的決定，而感到十分得意，以為既省了錢又辦了事，剩下的事情就是回去向父親請功領賞了。

可是他萬萬沒有想到，事情會變得越來越糟。莊生沒有了好處，心裡自然很不舒服，感覺自己被范蠡的長子耍了。

於是，他又去見楚王說：「聽說范蠡的兒子在我國犯罪被囚，現在人們議論說大赦是因為范蠡拿錢財賄賂眾位大臣的緣故，這對您的名聲不利啊！」

楚王聽到這些話，十分氣憤。於是，就先殺了范蠡的兒子，再實行大赦。結果，范蠡的長子因不願給人好處，只好帶著弟弟的屍骨回家了。

這個故事告訴我們，求人辦事，過於吝嗇是沒有好結局的。范蠡的長子因為吝嗇，結果不但事情沒有辦成，而且還害死了自己的弟弟。

求人辦事不給人好處，事情就無法辦成。基於這一點，可以在辦事之前給予對方一定的好處，或者在辦事前讓對方知道事情辦成後的好處。有這樣一個例子：

保羅是一個大農場的主人，他在自己的農場裡種植了一大片棉花，棉花成熟的時候，他雇了許多工人來採摘。

有一天，保羅到農場巡視採摘情況，卻看到一些工人在偷懶，地上到處扔著雪白的棉花。保羅急了，他把工頭找來，讓他立刻解雇偷懶的工人，並要求不要隨亂丟棄棉花，工頭答應了。

過了幾天，保羅又去農場巡視，發現情況依然存在，他十分納悶，不明白那些工人們為什麼不聽從命令。

同時，他也為此十分著急，因為嚴重浪費只是其中一個問題，如果不抓緊時間採摘棉花，雨季一來，棉花將會被雨水毀掉，到時損失就慘重了。

保羅向自己的一位老朋友請教，朋友告訴保羅：「因為農場裡的棉花是你一個人的棉花，工人們工作的好壞，與他們自己的利益並沒有直接關係。」

保羅這才恍然大悟——即使工人們採摘的十分認真，自己也得不到什麼好處，所以才會偷懶和亂丟棉花，要想讓工人們把事情做好，就必須給工人們一些甜頭和好處，他們才有動力。

於是，他立即召集工頭和所有工人們開會，他宣佈：「在雨季之前，若可以把棉花全部採摘完畢，工人們除了工資以外，還可以得到採摘棉花收益的二〇%；如果能防止亂扔棉花的現象，工人們還可以得到額外的獎勵。」

從那天之後，保羅再去農場巡視時，再也沒有發現偷懶的工人，地上也沒有胡亂丟棄的雪白的棉花了。

俗話說：「天下熙熙，皆為利來；天下攘攘，皆為利往。」

「有錢能使鬼推磨」是古往今來皆適用的道理，每個人都是相對獨立的利益個體，即便是朋友之間，或者家庭成員之間，也會有著各自不同的利益。

當然，如果能夠找到雙方的共同利益，而且相互配合，是一件好事。但一般情況下，你若想順利完成某些事，或是想找人幫忙，勢必需要有相當的付出，才可能如願，千萬別為了小利益而壞大事。

越急躁的人，離成功越遠

很多人做事總是心急火燎，巴不得全世界的人都要在第一時間配合他，如果別人沒有立刻行動，便沉不住氣，一催再催，搞得別人很不耐煩。

這種人大多無法站在別人的立場思考，自己想到什麼就做什麼，也不思考別人為何要配合他？又有什麼義務配合他？

時間久了、次數多了，這樣的人往往要吃大虧，因為他的身邊既沒朋友也沒貴人，等於跟成功劃清了界線。

戰國時，魏國的國君打算發兵征伐中山國。有人向他推薦一位叫樂羊的人，說他文武雙全，一定能攻下中山國。可是，有人又說樂羊的兒子樂舒，如今正在中山國做大官，怕是投鼠忌器，樂羊不肯下手。

後來，當魏文侯知道樂羊曾經拒絕兒子奉中山國君之命發出的邀請，還勸兒子不要跟荒淫無道的中山國君跑了，文侯這才決定重用樂羊，派他帶兵去征伐中山國。

樂羊帶兵一直攻到中山國的都城，然後就按兵不動，只圍不攻。幾個月過去了，樂羊還是沒有攻打，魏國的大臣們都議論紛紛，可是魏文侯不聽他們的，只是不斷地派人去慰勞樂羊。

可是樂羊照舊按兵不動，他的手下西門豹忍不住詢問樂羊為什麼還不動手，樂羊說：「我之所以只圍不打，還寬限他們投降的日期，就是為了讓中山國的百姓們看出誰是誰非，這樣我們才能真正收服民心，我才不是為了區區樂舒一個人呢！」

又過了一個月，樂羊發動攻勢，終於攻下了中山國的都城。樂羊留下西門豹，自己帶兵回到魏國。

魏文侯親自為樂羊接風洗塵，宴會完了之後，魏文侯送給樂羊一只箱子，讓他拿回家再打開。樂羊回家後打開箱子一看，原來裡面全是自己攻打中山國時，大臣們誹謗自己的奏章。

同樣地，在職場上生存，你會遇到各種各樣突發、棘手的問題，但只有那些懂得沈著應戰的人才有能力打贏這場仗。相反地，急功近利往往欲速則不達。

另外還必須注意一點，當你有求於人的時候，對方總要前因後果、方方面面都考慮一番，有時甚至還要故意擺些姿態讓你看看。

這時候，你只能平心靜氣地等待，不能老去打聽催問結果，這樣，不僅會讓對方感到厭煩，而且覺得你不信任他，明明有心想要幫忙的事情，經過你這麼一攪和，希望全沒了，這叫得不償失。

職場常勝軍的不敗生存術

別得罪他人，一次都不要！

無論在職場上或商場上，都不要得罪別人。俗話說：「多一個朋友多一條路，多一個敵人添一堵牆。」想要好好生存，有所作為，就必須學會忍耐，避免樹立敵人，才不會遭莫名之殃。

戰國時期，齊國大夫夷射，在接受國王的宴請後，酒足飯飽而出。

此時，擔任王宮守門的小吏則跪請求說：「給我一點酒喝吧。」

夷射斥責則跪說：「你這個下賤的守門人，你是什麼身份，也想飲用國王的美酒嗎？滾開！」

夷射走遠後，則跪因為受屈辱而非常氣憤，於是，將碗裡的水潑在郎門的接水槽中，水的顏色類似小便。

天明以後，齊王發現了就對則跪呵責說：「昨天晚上，你有沒有看到是誰在此處小便呀？」

則跪回答說：「我沒看見，但昨天夷射在這地方站立過。」

齊王大怒，因此誅殺了夷射。

一個卑賤的守門人因為被大臣所侮辱，竟然設計要了大臣的命，由此可見樹怨的害處，輕者讓你麻煩不斷，重者則可能讓你喪命。

香港富商胡金輝在介紹他的成長過程時，曾告誡說：「……處世方面另有一點，我覺得最重要的就是千萬不要得罪人！越有地位，越應該不得罪人，寧願自己擦面抹膏，也得讓自己好過。」

一個人若是得罪了別人，很容易將自己逼入困境，例如，美國總統林肯以偉大的業績和完美的人格獲得人們的衷心敬仰，他的許多事蹟，世代都被傳頌著。但他在成長道路上，也曾因為愛得罪人而經歷不少的坎坷。

林肯年輕時，不僅專找別人的缺點，也愛寫信嘲弄別人，而且故意丟棄在路旁，讓人撿起來看，這使得厭惡他的人越來越多。

後來他當了律師，仍然不時在報上發表文章，為難他的反對者。有一回做得太過分了，最後，竟把自己逼入困境。

當時，林肯嘲笑一位虛榮心強又自大好鬥的愛爾蘭籍政治家傑姆士．休斯。他匿名寫的諷刺文章在報紙上公開以後，市民們引為笑談，惹得一向好強的休斯大發雷霆，打聽出作者的姓名後，立刻騎馬趕到林肯的住處，要求決鬥。

林肯雖然不想同意，卻也無法拒絕。身高手長的林肯選擇騎馬比劍，他請求陸軍學校畢業的學生教他劍法，以應付這場決鬥。所幸這一切風風雨雨，最後在他人的排解下，才告平息。

這件事給林肯一個很深的教訓，他發現得罪別人的事就連最愚蠢的人都不會做，而所謂具有優秀品德並能克己的人，必然是揚棄惡意而有愛心的人。

從此，林肯改變了自己對人刻薄的做法，以博大的胸懷贏得民心。

美國前副總統安格紐，以失言出名。

他曾激烈指責新聞界的是非，他說：「老是作出反政府言論的大眾傳播物，簡直是叛徒。」

這句話在新聞界引起了極大風波，招致新聞界的合力圍攻，即使他要收回這句話，也已經太晚了。

後來，時代雜誌的哥拉姆斯特分析說，這只怪安格紐用錯了一個字，如果把Massmedia（大眾傳播物的複數形式）換作Massmedinm（單數形式），就不會有什麼風波了。而現在，安格紐選擇以複數代替單數，等於是在指責所有新聞界，觸犯了眾怒。

所以，如果我們要表示指責或批評時，應儘量用「有的人」、「某些人」的說法，才不會招來別人的怨恨。

職場常勝軍的不敗生存術

與小人結仇，人生烏雲永不散去！

在職場上，總會時不時遇到一些小人，因此懂得如何和小人保持距離，就成為生存必備能力之一。小人的小心眼會給自己帶來很多麻煩，小人的小格局會給自己帶來很多災難，不可不防，更不可和他們結仇結怨。

古時，一位父親在臨終前交代兒子務必替他報仇，兒子問是為了何事。

父親：「十年前在一個聚餐場合，某人夾走了我想吃的一塊肉。」

兒子：「當時，在他夾走之前，為何不趕快夾起來吃？」

父親：「因為筷子上已有一塊肉。」

兒子：「那就把筷子上的肉趕緊吃掉呀！」

父親：「可惜，我嘴裡正吃著一塊肉！」

常言道：「君子不念舊惡。」這是對君子的要求，也是君子的標準。但事實上，真正能做到「不念舊惡」的能有幾人?有的人宰相肚裡能撐船,有的人則不然,芝麻大的小事也會記恨在心,難以釋懷。

在工作場合中,我們常會不自覺得罪這些心胸狹窄的「小人」,而且有時得罪了小人,自己卻不知道。這些人不但「不忘舊惡」,而且會耿耿於懷,一有機會就要加倍報復,「以消心頭之恨」。

有不少人疾惡如仇,他們對小人不但敬而遠之,甚至還抱著仇視的態度。不過,這麼做的後果通常會引發更多預料不到問題,反而讓自己陷入不可自拔的泥沼,實在是不智之舉,不值得一試。

有一次,郭子儀正在生病,當朝權臣盧杞前來拜訪。

此人乃是中國歷史上聲名狼藉的奸詐小人,相貌醜陋,生就一張鐵青臉,臉型寬短,鼻子扁平,兩個鼻孔朝天,眼睛小得出奇,時人甚至把他看成是個活鬼。

每當他出現,人們一看到他這副尊容都不免要掩口失笑。

郭子儀聽到門人的報告,馬上下令左右姬妾都退到後堂去,他獨自等待。

盧杞走後,姬妻侍女們又回到病榻前問郭子儀:「許多官員都來探望您的病情,您從來不讓我們躲避。盧中丞來,為什麼就讓我們都躲起來呢?」

郭子儀微笑著說：「你們有所不知，這位盧中丞相貌極為醜陋，而內心又十分陰險。你們看到他一定會忍不住發笑的，而他一定會記恨在心，如果此人將來掌權，我們的家族就要遭殃了。」

在此例子中，郭子儀就是看清了盧杞小人的陰險面目，所以，自己雖然位及將相，也不敢得罪他。

楊炎與盧杞同為宰相，但楊炎是中國歷史上著名的理財能手，他提出「兩稅法」，為當時朝廷的財政困難立下汗馬功勞。

後來的史學家評論他說：「後來言財利者，皆莫能及之。」可見此人確實是個幹練之才，受時人的器重和推崇。此外，楊炎一表人才，而且博學多聞，文辭華麗，精通時政，具有卓越的政治才能。

然而，楊炎雖有宰相之才，卻無宰相之度，尤其是在處理與同僚關係問題上，他恃才傲物、目中無人、疾惡如仇，無論對方官階高低或性格好壞，他一律視為無物，從沒把別人放在心上。

他就連對盧杞這樣的奸詐小人，也從來沒有放在眼裡，不但缺乏政治家應具有的圓通處世韜略，更等於讓自己時時處於險境中。

盧杞與楊炎結怨後，千方百計圖謀報復。不久，機會終於來了。

節度使梁崇義背叛朝廷，拒不受命。德宗命淮西節度使李希烈帶兵討伐。楊炎不同意重用李希烈，認為此人反復無常，極力勸阻德宗，德宗很不高興。

李希烈受命掌握兵權後，正碰上連日陰雨，進軍遲緩。德宗是個急性子，就去找盧杞商量。

盧杞見機會已到，就趁勢說：「李希烈之所以遷延徘徊，只是因為楊炎還被重用。陛下何必愛惜一個楊炎而耽誤了大事呢？不如暫時免了楊炎的相位，使李希烈心情舒暢，他就會盡心竭力於朝廷了。事後再起用他，也沒有什麼關係。」

德宗認為有理，就聽信了盧杞的話，免去了楊炎的丞相職務。

就這樣，楊炎莫名其妙地丟掉了相位。更在不久之後，盧杞又進讒言害死了被貶的楊炎。

可見，與小人結仇的結果是很可怕的。本來，你以為自己正義凜然，不懼小人壞事；本來，你以為自己能夠控局，不怕小人所害。但其實你真是小看小人了，因為他不僅會壞你的事，還會害你的命啊！

凡是想成功的人，一定要切記：千萬別與小人結仇。

chapter

——職場大贏家的不敗生存術

送禮送到對方的心坎裡

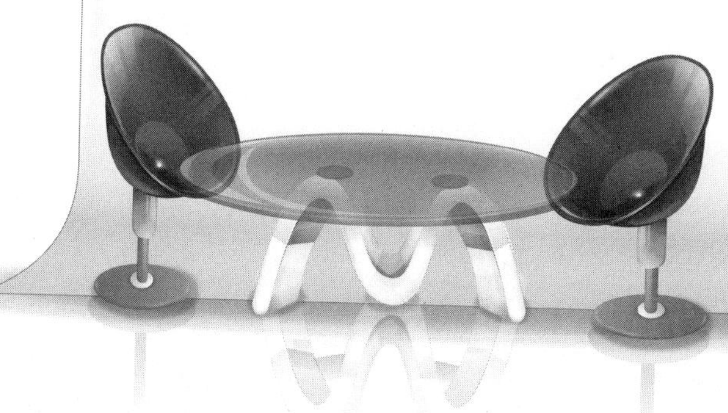

職場大贏家的不敗生存術

送禮的最佳場合和時機

每一次送禮，都應該掌握好場合和時機。

一般人不會無緣無故接受別人的禮物，如果送禮送的不得宜，會使別人產生誤解，引發不必要的麻煩，只有在適當的時候、送出對的禮，才會讓受禮者欣然接受，為雙方的關係加分。

劉科長去拜訪老局長，為的是想申請一筆資金。

剛進老局長家的大門，透過門窗玻璃往裡面一看，看到局長鐵青著臉，旁邊站了一位小管家，正在哭泣。

劉科長一看地下茶壺茶碗的碎片滿地都是，他突然想起朋友曾經告訴他，這位局長有個嗜好，就是喜歡品茶，而且更喜歡收藏知名產地的茶具。看到這種情況，他靈機一動，趕緊退出大門外。

劉科長急忙來到某家知名的茶行，以高價買了一套上等茶具，又買了龍井、碧螺春等上等茶葉，再次來到局長家拜訪。

一進門之後，劉科長假裝不知情，就順勢對局長說：「哎呀！真是可惜，這可是局長的寶貝啊！」局長一聽，更是心疼，臉色十分難看。

這時候，劉科長見機不可失，立刻拿出剛才買的禮物，打圓場地說道：「我也是喜歡品茶之人，更喜歡收藏這些好茶具。您看看，這是我剛才買的上等茶葉和茶具，本來打算自己留下的，沒想到您的愛好和我一樣。寶劍贈英雄，這一套上等貨，就送給您吧！」

劉科長一邊說著，一邊雙手奉上茶具，局長一看，眉開眼笑，連聲感謝。

「不過局長，我有個要求，這茶葉總得讓我品嘗一下吧，我忍不住了。」

「那當然沒問題，沒想到你也如此嗜好品茶啊！」這時笑呵呵的局長，立刻吩咐管家去泡茶。

接著，劉科長與局長談起了茶經：「你看，我買的龍井，色綠、香郁、味甘、形美，人稱四絕，算是識貨吧！」

局長一副泰然神色，穩坐在沙發上，將茶碗沖刷一下，擺好，說：「確實是這樣，而且不僅茶葉要好，喝茶也有講究，其中的學問很大，喝茶有很深的文化內涵。品茶不但要茶好，茶具好，水也很重要……」

劉科長認真聽完局長的介紹後，又裝作請教的樣子，問了局長幾個關於茶的問題，引得局長高談闊論一番。

一壺茶品了兩個小時。

日漸中午，局長吩咐下廚，留劉科長吃飯，劉科長趕忙推卻，臨告辭之際，便提了申請資金一事。

果然，局長不加猶豫地說：「星期一到我辦公室來吧。」

劉科長的申請案，就這樣輕鬆過關了。

劉科長之所以那麼容易就達到目的，就是因為他在適當的場合和時機，送給對方適當的禮物。

「禮」雖然是好東西，但並非在任何情況下送禮，對方都能接受。

很多人喜歡晚上把禮品送到對方家裡去，其實這未必是最佳選擇，因為晚上對方也可能不在家，即使他的家人收下了禮物，但有些事情你還是無法交代清楚；或者他本人在家，卻有其他人在場，這時帶著禮物進去，未免有些尷尬。

所以，最好的送禮時間應該選在早上對方未上班之前，或者星期天早上，對方剛剛起床以後不久。因為，這些時候既無外人打擾，又能找到關鍵的主角。

另外，有的禮物可以直接在辦公室送，比如一些辦公用品；而有的禮物只適合於在家送，比如煙酒等。總之，不同的禮物要選擇不同的時間和場合，這樣才能真正發揮送禮的效果。

另外，送禮除了要掌握好時間和場合，還應該注意下面幾點：

1 要雪中送炭，不要錦上添花

要在別人處於困境時，伸出援助之手，讓人終生難忘，不要在別人不需要的時候，再去送那些不必要的禮物，否則那些禮物就顯不出它應有的價值了。

2 不要遲到的祝福

另外，送禮也需要及時。比如在節日或假日，你可以帶一些禮物，及時向親朋好友表示祝賀，這對增加親情、友情是非常有好處的。但如果你等到節日都過了，再去向親朋好友祝賀就失去了原有的意義，而且可能給對方造成心理上的不快，這個禮還真是不如不送。

3 切忌當著外人，或在公眾場合送禮

送禮一般是為了特殊的目的或意義，無論是公事還是私事，都會涉及雙方當事人的一些個人問題，所以送禮最好在私底下送。

職場大贏家的不敗生存術

你一定要學「無痕送禮術」！

某家五金機電公司，銷售各項機電產品到全國各地。一九九八年，因為地球氣候變化劇烈，發生嚴重乾旱，小型電機水泵，一下成為搶手貨。這家機電公司庫存了一百台，一日內就被搶光，而且還有很多人到這裡訂貨，卻都拿不到貨。

公司的張總經理抓住這個商機，準備大批採購。

張總經理與兩名助手，連夜趕往外縣市，與當地一家水泵廠簽訂了二千台的水泵購買合約，即時搶下存貨。

但是，水泵廠說，因為張總經理預付的資金不夠，所以無法立即提供貨源。

張總經理只帶了三百台水泵的金額，他一再央求對方能否先發貨，公司會一邊銷貨，一邊支付貨款。但由於不是關係企業，水泵廠怕討債困難，所以不肯答應。這時候，張總經理陷入了困境。

剛巧，當張總經理正一邊吃午飯，一邊煩惱不知現在該如何是好，卻看到隔壁桌坐著水泵廠銷售部的一位經理，他在跟同事討論自家老闆是一個「麻將迷」的事，說老闆只要有人陪玩，通宵也沒問題。

於是，張總經理馬上附和說，「我也是個『麻將迷』，能不能幫我約一下貴公司老闆，今晚打幾圈？」

到了晚上，水泵廠老闆果然就邀張總經理前去打個幾圈。

只見張總經理和同事一起上陣，但因為「手氣太背」，兩人輪番放炮，讓水泵廠老闆贏得不亦樂乎，越玩越有精神。凌晨四點，張總經理提出找機會再戰，不好影響老闆白天上班，就與同事返回飯店休息了。

第二天晚上，水泵廠老闆再次邀兩人前去一分高下。兩人一如前日，輸得一塌糊塗，總共輸掉三、四萬元。

之後，張總經理請這位老闆吃飯。看在牌友的份上，老闆高興而來。雙方就在推杯換盞間，張總經理向老闆提出了自己的要求。

水泵廠老闆猶豫片刻說，「這樣吧，先交三百台水泵的貨款，第一批先發一千台，然後看銷售情況再定，怎麼樣？」

終於搞定了！

後來，不到兩個月的時間，張總經理再次運回一千台水泵。業績快速成長，進帳令人十分滿意。

有時候辦事，如果直來直往向對方提出請求，或直接向對方送禮請求幫助，對方是很難接受的。但如果用變相的方式或間接的手段，向對方表示一下，彼此心照不宣，反而容易將事情辦成。

送對禮，等於走對路

你以為「禮」有送就好嗎？那你就大錯特錯了。一個人如果不懂送禮的藝術和重要性，不如不要送，但如果深諳其中奧妙，又能處理得宜，那就一定要善加利用，為自己打下厚實的人脈基礎。

清代鉅賈胡雪巖很善於經商，也善於經營自己的人際關係，他送禮的高妙之處在於他善於抓住不同人的特點，送別人所急需之物。

在胡雪巖那個時代，要求人辦事，肯定離不開銀子。胡雪巖深諳此道，自然也從不吝惜銀子，甚至到了有「求」必應的地步。

比如時任浙江藩司的麟桂調署江寧藩司，臨走時在浙江虧空的兩萬多兩銀子，需要填補，又一時籌不到這筆款項，便找到胡雪巖請他幫助代墊。

胡雪巖二話沒說便爽快地應承下來，以至於麟桂派去和胡雪巖相商的親信也「激動」不已，稱胡雪巖實在是夠朋友，要他一定別客氣，趁麟桂此時還沒有卸任，有什麼要求儘管提出來，反正惠而不費，他一定肯幫忙。

胡雪巖做得也實在「漂亮」，他沒有提出任何索取回報的要求，只是希望麟桂到任之後，有江寧方面與浙江方面的公款往來，能夠指定由他的阜康票號代理。

他的這一點點要求，對於掌管一方財政的藩司來說，自然是不費吹灰之力。

事實證明，胡雪巖的投資是有眼光的，最後總是能得到意想不到的大收益，這是很多人都做不到的。

後來，胡雪巖為了取得左宗棠的信任，做了兩件事：

第一，獻米獻錢。

胡雪巖回杭州，帶到杭州去的有一萬石米和十萬兩銀子。本來這一萬石米有一個名目，那就是當初杭州被圍時，胡雪巖與王有齡商量，由胡雪巖冒死出城，到上海採購米，以救杭州糧絕之急。

胡雪巖購得米一萬石，運往杭州，但無法進城，只得將米轉道運至寧波，後來杭州收復，胡雪巖將這一萬石米又運至杭州，且將當初購米款兩萬兩銀子，面交左宗棠，等於是他既回覆了公事，以此證明自己並非攜款逃命，又另外無償獻給左宗棠一萬石的米。

那十萬兩銀子則是胡雪巖為了敦促攻下杭州的官軍自我約束，不要擾民，而自願捐贈的犒軍餉銀。

清軍打仗，為鼓勵士氣，有個不成文規矩，攻城部隊只要攻下一座城池，三日內可以不遵守禁止搶劫姦淫的軍規。而胡雪巖獻出十萬兩銀子，是要換個秋毫無犯。

第二，主動承擔籌餉重擔。

左宗棠幾十萬兵馬東征，鎮壓太平軍，每月需要的餉銀達二十五萬之巨，當時清政府財政緊張，用兵打仗採取的是「協餉」的辦法，也就是由各省拿出錢來做軍隊糧餉之用，實際上是各支部隊自己想辦法籌餉。

胡雪巖聽到左宗棠談起籌餉的事，毫不猶豫就表示自己願意為此盡一份心力，而且當即就為籌集軍餉想出了幾條可行辦法。

當時，左宗棠急於求事功，胡雪巖正好給他送去了能使他成就事功所需的東西，一送之下，也就送出了意想不到的效果。

後來，就是因為有了左宗棠這個大靠山，胡雪巖不僅生意飛黃騰達，而且得到了朝廷特賜的紅帽子，成為冠絕天下的「紅頂商人」。

胡雪巖說：「送禮總要送人家求之不得的東西。」可見他是深諳此道的。

送禮的方式有很多種，送錢送物只是一種常規的辦法，除此之外辦法還有很多，比如你能夠解決別人的難題，你能夠支持別人的事業，你能夠成為別人的合作夥伴，別人都會真心地感謝你。

送禮的學問不小，值得學習，只要你能掌握送禮的分寸，無論做什麼都能事半功倍，比別人更快到達成功之岸。

職場大贏家的不敗生存術

專攻老人和小孩的成功率極高

送人禮物，除了走「關鍵人物」的路線外，不妨試著走走老人、小孩路線，迂迴接近目標，最後達到目的。

一般來說，你要送禮的對象「關鍵人物」有時礙於低調個性或職務關係，不方便或不好意思直接收禮，這時候，如果能從「關鍵人物」身邊的老人或小孩下手，往往比較容易成功，有時候甚至效果更勝於直接送給「關鍵人物」。

另外，還有幾個送禮物給老人、小孩的理由，提供參考：

1 效果加倍

老人因體力虛乏，大多只在家活動，且因年歲高而退職，沒有工作做，常常悶的發慌。有時想說個話，也不一定找得到人，顯得孤寂。一旦有人主動接近老人，哪怕是暫時解除老人的孤寂，老人都會覺得很開心。

而小孩則是好奇愛動，只要一段故事、一聲哄騙就能贏得小孩的親近。

再者，很多人應該都有一種經驗，就是你稱讚某人的小孩，會比直接稱讚某人，效果更好，更讓某人覺得高興。

因為，稱讚某人的小孩等於既稱讚了小孩，也同時稱讚某人，這是雙重的稱讚，大大加分。

2 老人和孩子更易接近

老人見多識廣，閱歷豐厚，一有機會，他們總樂於滔滔傾訴，希望能影響或感動後輩，只要你願意誠心求教、耐心傾聽，老人給予的回應都會很熱烈，自然也就容易對你留下好的印象。

至於小孩，當你真誠以童心相待，帶給他們新奇歡樂，他們就會立刻把你當成孩子王一般的崇拜、親近。

不過，走老人、小孩路線也有幾點需要注意：

1 必須先做好功課

如果你平時較少與老人、小孩相處互動，那麼就要先上網查一些相關資訊。以老人來說，最重要的就是與身體保健有關的訊息，還有多準備一些「好聽話」，例如：您看起來好年輕、您的身體保持的真好、您好有福氣等等，最好逗的老人心花怒放，眉開眼笑。

而小孩的部份，則是可以了解一下他們喜歡什麼卡通、流行什麼玩偶、愛吃什麼熱門零食、愛玩些什麼遊戲等等，這樣才不會和他們有隔閡，彼此能相處愉快，不至於白忙一場，或是造成反效果。

2 主動提出話題，消除陌生感

進入一個家庭，見到老人、小孩，要想一下子就產生「一見如故」的融洽氣氛，你必須主動提出話題，打開話匣子，而不要等待對方示意，尤其當對方是不善於談話的人，則氣氛會變得很尷尬，效果大打折扣。

你能主動開口，表示你是一個親切的人，願意釋出善意，這是很關鍵的一點。

3 態度謙虛，言行謹慎

對老人務必態度謙恭、說話謹慎、客氣有禮。這一方面是表現你的虛心和誠實，另一方面則顯出你對長者的尊重、敬仰。

而和小孩交往，必須因情因境，投其所好，拿捏分寸，要用真誠童稚的心情去換取小孩歡悅，千萬不能用高姿態，裝腔作勢、虛情假意。

禮物越貴重不一定越好

送禮的輕重標準怎麼訂？

當你需要拜託別人幫你處理一些事，或是解決一些麻煩時，送禮通常是最基本的步驟，所以送的得不得體、送的對不對味，至關重要。

但到底，送什麼禮、送多少禮才是最適合的呢？

其實，每個人心裡都有不同的標準，送禮的多少與輕重，應視與對方的關係、送禮的目的，以及受禮者的身份而定。

有人送禮是為了求人辦事，那麼，禮物的輕重就與辦事的大小有關。

如果是求人辦大事，禮物太微薄了，事情必然很難辦成；而禮物太豐厚了，受禮者迫於壓力有可能拒收，事情一樣沒有下文。

「送多少」是一個籠統的概念，從禮物的數量多少、體積大小，以及價格的高低來說，送禮還是講究輕重分寸的。

一般社交場合，送的禮品要以小、少、輕為宜。少，就是不求數量多，要求少而精；小，指體積不宜太大，小巧玲瓏，易送、易存是最高境界；輕，則指價格適中，不求昂貴。整體的原則就是，必須重視禮品的價值和紀念意義。

比如，歐美人士送禮，往往一束花、一本書、一小籃水果，便成敬意。送禮對他們而言，是一種禮貌、尊重、感謝的表示，而不是給對方物質援助或經濟補貼。

送的多，不一定效果好！

但中國人送禮則不一樣，我們通常出於面子需要，覺得很少的東西拿不出手，要送，就得送多一些，而且要送的貨真價實，越大越好，越貴重表示越有誠意。

但，真是這樣嗎？其實，並不見得。

往往，送禮的錢雖然花了不少，但效果卻未必好。特別是第一次見面，你一下子提了那麼多禮物，人家還認為你有什麼不可告人的目的呢！誰還敢收？

如果主人不肯收，你的處境就尷尬了，提走不是，不提走不是。結果，你推我讓，最後難下臺的還是你。

退一步來說，主人就算收下禮物，心裡一定不太高興，或是十分忐忑不安，心想：你這一次送我這麼多禮品，下一次可夠我還的！

你自認為「多送」總比少送好，是一番好意，卻沒想到對方的壓力。其實，禮不在多，只要你有考慮到對方的身份和喜好，且禮品精緻美觀，富有創意，對方自然就能感受到你的心意，也會收禮收的心安理得，感動窩心。

有一位在大學裡任教的醫生，到偏遠的小城去行醫。他醫好一位窮苦老人的病，沒有收他一分錢。老人回家後，砍了一捆柴，走了三天三夜的路，才到了城裡，把這一大捆柴送給那位救了他的醫生。

醫生收到後，紅著眼眶對老人說：「這是我行醫生涯中，收過最貴重的禮物。」

老人並不知道在城市裡生活，是不需要燒柴的，所以若單從禮物的適當性來看，他的禮物是不合時宜的。可是，醫生收下老人的禮物後，為什麼如此感動？原因就是這份禮物的「價值」是無價的，實不實用已經不重要，老人的辛苦和心意才是隱含在禮物背後令人不捨又感動的意義。

當你需要送禮給某人，所送的禮品應與你的經濟實力一致。如果經濟條件差的人給對方送極貴重的禮品，會讓對方受之不安；而經濟條件好的人給對方送廉價的禮品，會讓受禮者覺得送禮人小氣或看不起他。

總而言之，當你送禮給別人時，一定要分清楚輕重，權衡利益後再送出。否則，很有可能既於事無補，又達不到效果。

國家圖書館出版品預行編目(CIP)資料

讓菜鳥不再流淚的62張職場生活筆記/ 若谷著. --
-- 初版. -- 新北市 : 大喜文化, 2017.07
面 ; 公分. --(喚起 ; 24)
ISBN 978-986-94645-7-4(平裝)

1.職場成功法

494.35　　106009976

喚起 24
讓菜鳥不再流淚的6 2張職場生活筆記

作　　者　若谷
主　　編　王淋
出 版 者　大喜文化有限公司
發 行 人　梁崇明
登 記 證　行政院新聞局局版台省業字第 244 號
P.O.BOX　中和市郵政第 2-193 號信箱
發 行 處　新北市中和區板南路 498 號 7 樓之 2
電　　話　(02) 2223-1391
傳　　真　(02) 2223-1077
E-mail　joy131499@gmail.com
銀行匯款　銀行代號：050，帳號：002-120-348-27
　　　　　臺灣企銀，帳戶：大喜文化有限公司
劃撥帳號　5023-2915，帳戶：大喜文化有限公司
總經銷商　聯合發行股份有限公司
地　　址　231 新北市新店區寶橋路 235 巷 6 弄 6 號 2 樓
電　　話　(02) 2917-8022
傳　　真　(02) 2915-6275
初　　版　西元 2017 年 7月
流 通 費　新台幣 280 元
網　　址　www.facebook.com/joy131499
I S B N　978-986-94645-7-4